高等学校
计算机教材

面向应用与实践系列

郭有强 张怡文 叶家鸣 朱洪浩 编著

C++程序设计
实验指导与课程设计

清华大学出版社
北京

内 容 简 介

C++面向对象程序设计是一门实践性很强的课程,上机实验和课程设计是本课程不可缺少的实践环节。本实验教材给出了14个基础实验和8个课程设计,基本覆盖了C++程序设计的主要知识点;给出了4套模拟试题及相关解答;给出了主教材中的习题解答;附录部分介绍了常见编译和连接错误、程序调试方法和技巧,以帮助读者上机练习。

本教材是《C++面向对象程序设计》(清华大学出版社)的配套实验及课程设计指导教材。本书自成体系,也可与其他相关教材配套使用。

本教材中所有的程序都在Visual C++ 6.0开发环境中测试通过。

本书封面贴有清华大学出版社防伪标签,无标签者不得销售。
版权所有,侵权必究。侵权举报电话:010-62782989 13701121933

图书在版编目(CIP)数据

C++程序设计实验指导与课程设计/郭有强等编著. —北京:清华大学出版社,2009.5
(2017.2重印)
(高等学校计算机教材——面向应用与实践系列)
ISBN 978-7-302-19360-9

Ⅰ.C… Ⅱ.郭… Ⅲ.C语言-程序设计-高等学校-教学参考资料 Ⅳ.TP312

中国版本图书馆CIP数据核字(2009)第010947号

责任编辑:袁勤勇 赵晓宁
责任校对:梁 毅
责任印制:李红英

出版发行:清华大学出版社
    网 址:http://www.tup.com.cn,http://www.wqbook.com
    地 址:北京清华大学学研大厦A座 邮 编:100084
    社 总 机:010-62770175   邮 购:010-62786544
    投稿与读者服务:010-62776969,c-service@tup.tsinghua.edu.cn
    质量反馈:010-62772015,zhiliang@tup.tsinghua.edu.cn
印 装 者:北京九州迅驰传媒文化有限公司
经 销:全国新华书店
开 本:185mm×260mm 印 张:13 字 数:306千字
版 次:2009年5月第1版   印 次:2017年2月第7次印刷
印 数:6131~6230
定 价:29.00元

产品编号:030163-04

前　言

　　《C++面向对象程序设计》是一门实践性很强的课程，上机实验和课程设计是本课程不可缺少的实践环节。上机实验的目的是使学生熟悉C++编程的思路及解题的全过程，加深对C++语言的理解，得到面向过程和面向对象程序设计基本方法和技巧的训练，从而巩固和深化所学的知识，真正能用C++这个强有力的编程工具去解决实际问题。同时，通过上机实验及随后的课程设计，期望学生能够熟练掌握C++集成开发环境的使用。

　　本实验教材共分为5个部分，第1部分给出了14个基础实验，基本覆盖了C++程序设计的主要知识点，每个实验都包含"实验目的"、"实验准备"、"实验内容"和"思考与练习"；第2部分给出了2个课程设计样例（基于C++控制台的应用程序、基于MFC的Windows编程应用）和6个课程设计题目（供参考使用），通过综合训练，期望能够提高读者对编程思想的进一步理解，进而提升实际应用编程能力；第3部分给出了4套模拟试题；第4部分给出了主教材中的习题解答、基础实验部分"思考与练习"的相关解答和模拟试题的解答；第5部分介绍了常见编译和连接错误、程序调试方法和技巧、标准ASCII码表，以帮助读者上机练习。本书内容丰富，结构紧凑，选题典型丰富，注重操作步骤及细节，使读者具有很强的可操作性。

　　实验的软件环境为Visual C++、Turbo C++3.0或Borland C++。本教材中所有的程序都在Visual C++ 6.0开发环境中测试通过，另外本书因程序算法较多，为方便阅读在叙述中相关变量均用正体。

　　本教材是《C++面向对象程序设计》的配套实验及课程设计指导教材。本书自成体系，也可与其他相关教材配套使用。本书全部例题的源代码放在网站www.bbxy.edu.cn上，以供下载。

　　参加本书编写和文字工作的还有张怡文、叶家鸣、朱洪浩，在此深表感谢。

　　感谢读者选择使用本书，对本书内容存在的问题，敬请读者批评并提出修改建议，我们将不胜感激。在使用本书时如遇到什么问题需要与作者商榷，或想索取其他相关资料，请与作者联系，电子邮件地址：bbxyguo@163.com。

郭有强

2008年12月

目 录

第 1 部分 基础实验 ……………………………………………………………………………… 1

    实验 1　Visual C++ 6.0 集成开发环境和简单 C++程序 …………………………………… 1

    实验 2　C++程序设计基础 …………………………………………………………………… 6

    实验 3　程序流程控制 ………………………………………………………………………… 8

    实验 4　数组 …………………………………………………………………………………… 12

    实验 5　模块设计 ……………………………………………………………………………… 20

    实验 6　指针 …………………………………………………………………………………… 24

    实验 7　类和对象(1) ………………………………………………………………………… 29

    实验 8　类和对象(2) ………………………………………………………………………… 34

    实验 9　继承与派生 …………………………………………………………………………… 36

    实验 10　多态性与虚函数 …………………………………………………………………… 40

    实验 11　运算符重载与类型转换 …………………………………………………………… 46

    实验 12　类模板 ……………………………………………………………………………… 48

    实验 13　I/O 流 ……………………………………………………………………………… 52

    实验 14　利用 MFC 开发 Windows 应用程序 ……………………………………………… 55

第 2 部分 课程设计 ……………………………………………………………………………… 64

    2.1　概述 ………………………………………………………………………………………… 64

    2.2　总体要求 …………………………………………………………………………………… 64

    2.3　课程设计样例 ……………………………………………………………………………… 66

        2.3.1　课程设计 1：复数类的设计和复数的运算 ………………………………………… 66

        2.3.2　课程设计 2：用鼠标绘制曲线 ……………………………………………………… 74

    2.4　课程设计题目 ……………………………………………………………………………… 94

        2.4.1　模拟计算器程序 ……………………………………………………………………… 94

        2.4.2　设计一个排课程序 …………………………………………………………………… 95

        2.4.3　图书馆管理系统 ……………………………………………………………………… 95

        2.4.4　有理数运算 …………………………………………………………………………… 96

        2.4.5　银行账户管理程序 …………………………………………………………………… 97

        2.4.6　水电煤气管理系统 …………………………………………………………………… 98

第 3 部分 模拟试题 ……………………………………………………………………………… 99

    3.1　模拟试题(一) ……………………………………………………………………………… 99

    3.2　模拟试题(二) ……………………………………………………………………………… 101

3.3　模拟试题(三) ·· 107
　　3.4　模拟试题(四) ·· 113

第 4 部分　参考答案 ··· 116
　　4.1　主教材习题参考答案 ··· 116
　　4.2　基础实验部分【思考与练习】参考答案 ······································ 163
　　4.3　模拟试题参考答案 ·· 180

第 5 部分　附录 ·· 192
　　附录 A　常见编译、链接错误 ·· 192
　　附录 B　程序调试方法和技巧 ·· 196
　　附录 C　标准 ASCII 码表 ·· 199

参考文献 ·· 200

第 1 部分　基 础 实 验

实验 1　Visual C++ 6.0 集成开发环境和简单 C++ 程序

【实验目的】

1. 掌握使用 VC++ 集成开发环境开发程序的过程,熟悉常用的功能菜单命令,学习使用 VC++ 环境的帮助。
2. 学习并理解简单的 C++ 程序结构。

【实验准备】

1. 了解 C++ 程序的基本结构。
2. 了解简单的程序输入输出流。

【实验内容】

1. 初步熟悉 C++ 语言的上机开发环境。
2. 编程输出：This is my first practice!。
3. 使用 Visual C++ 6.0 集成环境来编辑、编译并运行下面简单 C++ 程序。

```
#include <iostream.h>
int max(int,int);              //声明自定义函数
void main()                    //主函数
{
    int a,b,c;
    cout<<"input two number: \n";
    cin>>a>>b;
    c=max(a,b);                //调用 max 函数,将得到的值赋给 c
    cout<<"max="<<c<<endl;
}
int max(int x,int y)           //定义 max 函数,函数值为整型,形式参数 x、y 为整型
{
    int z;                     //max 函数中的声明部分,定义本函数中用到的变量 z 为整型
    if(x>y)
        z=x;
    else
        z=y;
    return(z);                 //将 z 的值返回,通过 max 带回调用处
}
```

【实验步骤】

1. 启动集成开发环境。

选择菜单"开始"|"程序"|Microsoft Visual Studio 6.0|Microsoft Visual C++ 6.0，进入 Visual C++ 6.0 用户界面，如图 1.1 所示。

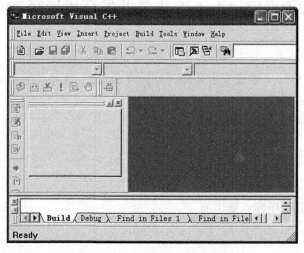

图 1.1　Visual C++ 6.0 用户界面

2. 创建新工程。

(1) 选择 File 菜单下的 New 菜单项，出现 New 对话框；选择 Projects 标签。

(2) 从列表中，选择 Win32 Console Application 项(Win32 控制台应用程序)；在右侧的 Projects name 栏中输入一个工程名，如"实验1"；在 Location 位置文本框中指定该工程的保存路径，如图 1.2 所示，然后单击 OK 按钮。

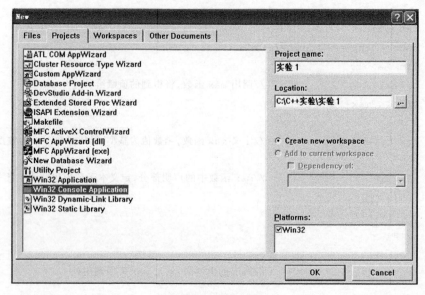

图 1.2　"新建"对话框

（3）在 Win32 Consol Application-Step 1 of 1 对话框中选择 An empty project 项。然后单击 Finish 按钮，如图 1.3 所示。

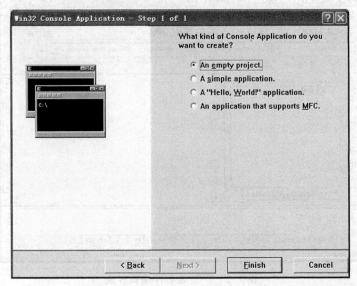

图 1.3 "Win32 Consol Application-Step 1 of 1"对话框

（4）在 New Projects Information 对话框中单击 OK 按钮，完成工程创建过程。

3．创建 C++源程序文件。

（1）选择 File 菜单下的 New，显示 New 对话框，选择 Files 标签页面，如图 1.4 所示。在列表栏中，选择 C++ Source File 项，然后在右边的 File 输入框中输入源程序的文件名。

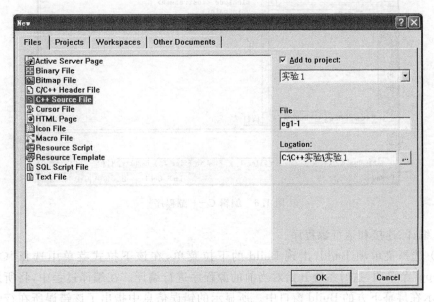

图 1.4 "New"窗口

（2）单击 OK 按钮，完成一个源程序文件的创建，出现代码编辑窗口，如图 1.5 所示。

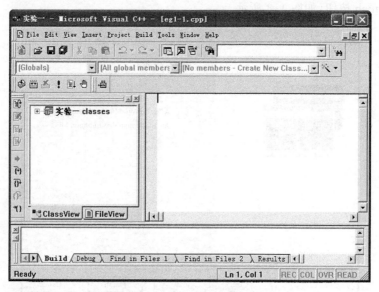

图 1.5　C++源程序编辑界面

（3）在代码编辑窗口下编辑 C++源程序，如图 1.6 所示。

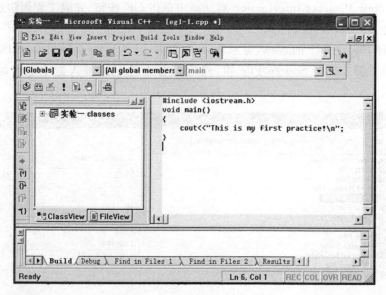

图 1.6　编辑 C++源程序

4. 编译、连接和运行源程序。

（1）选择菜单项 Build，出现 Build 的下拉菜单，在该下拉式菜单中选择"Compile eg1-1.cpp"菜单项，这时系统开始对当前的源程序进行编译。在编译过程中，将所发现的错误显示在屏幕下方的 Build 窗口中。所显示的错误信息中指出了该错误所在行号和该错误的性质。用户可根据这些错误信息进行修改。上述程序的"编译"窗口如图 1.7

所示。

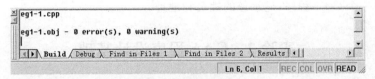

图 1.7 "编译"窗口

（2）编译无错误后，可进行连接生成可执行文件(.exe)。选择 Build 下拉菜单中的"Build 实验 1.exe"选项，Build 窗口出现如图 1.8 所示的信息说明编译连接成功，即在当前工程文件夹下的 debug 文件夹下生成以源文件名为名字的可执行文件(实验 1.exe)。

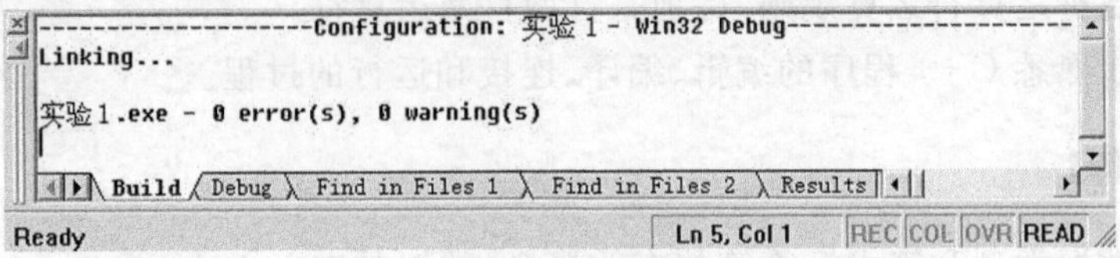

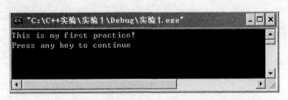

图 1.8 连接生成可执行文件

（3）执行可执行文件：选择"Build→Execute 实验 1.exe"选项运行文件，结果显示在一个 DOS 窗口中，如图 1.9 所示。

图 1.9 运行实验 1.exe 的结果

5. 关闭与打开工作区。

单击菜单 File→Close Workspace，关闭工作区。

单击菜单 File→Open Workspace，在弹出的对话框中选定"C:\C++实验\实验1\实验 1.dsw"，单击"打开"按钮，即可打开工作区，对已建立的工程文件进行修改。

【实验内容】中第 3 个实验的步骤可参考以上 1～5 步骤：建立、编辑、编译、连接和运行程序。

【思考与练习】

1. C++ 语言是在_____语言基础上发展起来的。
2. C++ 源程序文件的默认扩展名为_____。
3. C++ 程序从上机到得出结果的几个步骤依次是_____、_____、_____、_____。
4. 当执行 cin 语句时，从键盘上输入每个数据后必须接着输入一个_____符，然后才能继续输入下一个数据。

5. C++与C语言比较,注释的方式有几种?
6. 编写一个C++程序,显示您的姓名和地址。

实验 2 C++程序设计基础

【实验目的】

1. 掌握C++的各种数据类型及其变量定义方法、赋值方法。
2. 掌握数据类型转换规则。
3. 掌握控制台输入输出函数。
4. 掌握各种运算符运算规则,特别是自增自减运算符。
5. 进一步熟悉C++程序的编辑、编译、连接和运行的过程。

【实验准备】

1. 复习数据类型和算术运算符的有关概念,掌握其定义方法。
2. 复习各种类型数据的输入输出方法,正确使用各种格式转换符。
3. 复习常用的算术运算符。

【实验内容】

1. 分析有关字符型和整型通用的程序。

```
#include<iostream.h>
void main()
{
    char c1,c2;
    c1=97;
    c2=98;
    cout<<c1<<c2+1;
}
```

2. 分析转义字符在程序中的应用。

```
#include<iostream.h>
void main()
{
    cout<<"--------------- * \r * \n";
    cout<<"\tOA\bK\n";
    cout<<"#--------------#\n";
    cout<<"\tABC\tDEF\tGHI\n";
    cout<<"\t123\t456\t789\n";
}
```

对照输出,理解转义字符的含义。

3. 分析以下程序运行结果,体会自增自减运算符运算规则。

```cpp
#include <iostream.h>
void main()
{
    int a=5,b=3,c1,c2;
    a++;
    --b;
    c1=++a+b;
    c2=c1---a/b;
    b=++a+b+c1--+c2;
    cout<<"a="<<a<<"\tb="<<b<<"\tc1="<<c1<<"\tc2="<<c2;
}
```

4. 分析以下类型混合运算的程序。

```cpp
#include <iostream.h>
void main()
{
    int a=7,b=3; char c1='a',c2=66;
    float x=12.25;
    double y=1.3333333333;
    long d=5432789;
    a=x+b*x+y/2-d%(c1-c2);
    cout<<"a="<<a<<" b="<<b<<" c1="<<c1;
    cout<<"d="<<d<<" x="<<x<<" y="<<y;
}
```

5. 调试下列程序,使之能正确输出 3 个整数之和及 3 个整数之积。

```cpp
#include <iostream.h>
void main()
{
    int a,b,c,d1,d2;
    cout<<"Please enter 3 numbers: ";
    cin>>a>>b>>c;
    cout<<"a+b+c="<<d1=a+b+c<<endl;
    cout<<"a*b*c="<<d2=a*c*b<<endl;
}
```

输入:40 50 60

【实验步骤】

1. 编辑源程序。
2. 对源程序进行编译并调试程序。
3. 连接并运行程序。

4. 检查输出结果是否正确。

【思考与练习】

1. 指出下面的字符是标识符、关键字还是常量。
abc,2,struct,"opiu",'k',"k",false,bnm,true,0xad,045,if,goto
2. 判断对错。
① 如果 a 为 false,b 为 true,则 a&&b 为 true；
② 如果 a 为 false,b 为 true,则 a||b 为 true。
3. 请指出下列表达式是否合法？如果合法指出是哪一种表达式。
%h,b*/c,3+4,3>=(k+p),z&&(k*3),! mp,5%k,a==b,(d=3)>k
4. 若 x 为 int 型变量,则执行以下语句后 x 的值是:

x=9;
x+=x-=x+x;

实验3　程序流程控制

【实验目的】

1. 掌握关系、逻辑运算符及其表达式的正确使用。
2. 掌握 if 语句和 switch 语句的使用。
3. 掌握 while,do-while,for 循环的语法结构与应用。
4. 掌握 while,do-while 循环的区别。

【实验准备】

复习程序流程控制的内容,掌握分支结构和循环结构的使用。同时掌握 if 语句与 switch 语句的异同点,以及三种循环语句的区别。

【实验内容】

1. 输入 1~12 之间的任意数字,程序按照用户输入的月份输出相应的英文。

```
#include <iostream.h>
void main()
{
    int month;
    cin>>month;
    switch(month)
    {
        case 1: cout<<"January\n";break;
        case 2: cout<<"February\n";break;
```

```
        case 3: cout<<"March\n";break;
        case 4: cout<<"April\n";break;
        case 5: cout<<"May\n";break;
        case 6: cout<<"June\n";break;
        case 7: cout<<"July\n";break;
        case 8: cout<<"Augest\n";break;
        case 9: cout<<"September\n";break;
        case 10: cout<<"Ocotober\n";break;
        case 11: cout<<"November\n";break;
        case 12: cout<<"December\n";break;
        default: cout<<"error! \n";break;
    }
}
```

2. 企业发放的奖金的依据是利润提成。利润 i 低于或等于 10 万元时,奖金可提 10%;利润高于 10 万元,低于 20 万元时,低于 10 万元的部分按 10% 提成,高于 10 万元的部分,可提成 7.5%;20 万到 40 万之间时,高于 20 万元的部分,可提成 5%;40 万到 60 万之间时高于 40 万元的部分,可提成 3%;60 万到 100 万之间时,高于 60 万元的部分,可提成 1.5%,高于 100 万元时,超过 100 万元的部分按 1% 提成,从键盘输入当月利润 i,求应发放奖金总数。

```
#include <iostream.h>
void main()
{
    long int i;
    float bonus1,bonus2,bonus4,bonus6,bonus10,bonus;
    cin>>i;
    bonus1=100000 * 0.1;bonus2=bonus1+100000 * 0.75;
    bonus4=bonus2+200000 * 0.5;
    bonus6=bonus4+200000 * 0.3;
    bonus10=bonus6+400000 * 0.15;
    if(i<=100000)
        bonus=i * 0.1;
    else if(i<=200000)
            bonus=bonus1+ (i-100000) * 0.075;
    else if(i<=400000)
            bonus=bonus2+ (i-200000) * 0.05;
    else if(i<=600000)
            bonus=bonus4+ (i-400000) * 0.03;
    else if(i<=1000000)
            bonus=bonus6+ (i-600000) * 0.015;
    else
        bonus=bonus10+ (i-1000000) * 0.01;
    cout<<"bonus= "<<bonus<<endl;
```

}

3. 打印出国际象棋棋盘(8 行 8 列黑白间隔的正方形组成)。

```
#include <iostream.h>
void main()
{
    int i,j;
    for(i=0;i<8;i++)
    {
        for(j=0;j<8;j++)
            if((i+j)%2==0)
                cout<<"\333"<<"\333";
            else
                cout<<" ";
        cout<<endl;
    }
}
```

4. 用三种循环结构,求 1000 以内奇数的和。

```
/* for 结构 */
#include <iostream.h>
void main()
{
    int i=1;
    long sum=0;
    for(i=1;i<=1000;i+=2)
        sum=sum+i;
    cout<<"sum="<<sum<<endl;
}
/* while 结构 */
#include <iostream.h>
void main()
{
    int i=1;
    long sum=0;
    i=1;
    while(i<=1000)
    {
        sum=sum+i
        i+=2;
    };
    cout<<"sum="<<sum<<endl;
}
/* do-while 结构 */
```

```
#include <iostream.h>
void main()
{
    int i=1;
    long sum=0;
    do{
        sum=sum+i;
        i+=2;
    }while(i<=1000);
    cout<<"sum="<<sum<<endl;
}
```

【实验步骤】

1. 在 VC++6.0 下完成程序的编辑、编译、运行,获得程序结果。
2. 实验中可以采用 VC++6.0 程序调试的基本方法来协助查找程序中的逻辑问题。

【思考与练习】

1. 下面是从 3 个数中取最大数的程序,调试并改正之。

```
#include <iostream.h>
void main()
{
    int x,y,z,max;
    cout<<"input three numbers: \n";
    max=x;
    cin>>x>>y>>z;
    if(z>y)
        if(z>x) max=z;
    else
        if(y>x) max=y;
    cout<<max<<endl;
}
```

2. 下列程序主要功能是计算并输出(1)*(1+2)*(1+2+3)*(1+2+3+4)*…*(1+2+…+10),将程序中横线处缺少的部分填上。

```
#include <iostream.h>
void main()
{
    float _____,x;
    int i,j;
    for(i=1;i<11;i++)
    {
        _____;
```

```
        for(j=1;j+i;j++)_____;
        y=y*x;
    }
    cout<<"\n";
}
```

3. 下面程序的运行结果是_____。

```
#include <iostream.h>
void main()
{
    int i,j,s=0;
    for(i=5,j=1;i>j;i--,j++)
        s+=i*10+j;
    cout<<"s="<<s<<endl;
}
```

实验 4 数   组

【实验目的】

1. 掌握一维数组和二维数组的定义、赋值和输入输出的方法。
2. 掌握一维数组和二维数组的引用方法，能够利用数组来解决实际的问题。
3. 掌握冒泡排序法和选择排序法的算法，比较一下两者的不同点。
4. 利用二维数组来求解一些矩阵的相关问题。
5. 掌握字符数组的定义和赋值。
6. 掌握字符数组引用的方法。
7. 掌握字符串处理函数的使用方法，能够利用相关函数来解决一些问题。

【实验准备】

1. 复习一维数组和二维数组的定义方法、初始化及元素的引用。
2. 掌握冒泡排序和选择排序的算法思想。
3. 复习字符数组的定义方法、初始化及元素的引用。
4. 复习字符串处理函数的基本使用方法。
5. 熟悉教材中关于字符串和字符数组的相关知识。

【实验内容】

1. 输入下列程序并且调试运行。
(1) 程序代码如下：

```
#include<iostream.h>
void main()
```

```
{
    int n[3],i,j,k=2;
    for(i=0;i<k;i++)
        n[i]=i;
    for(i=0;i<k;i++)
        for(j=0;j<k;j++)
            n[j]=n[i]+1;
    cout<<n[0];
}
```

(2) 程序代码如下：

```
#include<iostream.h>
#include<iomanip.h>
void main()
{
    int i,sum=0,a[12];
    for(i=0;i<12;i++)
        cin>>a[i];
    for(i=11;i>=0;i--)
        if(a[i]%4==0)
        {
            sum+=a[i];
            cout<<setw(4)<<a[i];
        }
    cout<<endl<<sum;
}
```

(3) 程序代码如下：

```
#include<iostream.h>
void main()
{
    int i;
    char str[]="This is a book.";
    str[4]='\0';
    cout<<str;
}
```

(4) 程序代码如下：

```
#include<iostream.h>
void main()
{
    static char a[]={'*','*','*','*','*'};
    int i,j,k;
    for(i=0;i<5;i++)
```

```
        {
            cout<<endl;
            for(j=0;j<i;j++)
                cout<<" ";
            for(k=0;k<5;k++)
                cout<<a[k];
        }
}
```

(5) 程序代码如下：

```
#include <iostream.h>
void main()
{
    char str[]="1gs42g3#d65hlag%2";
    int i=0;
    while(str[i]!='\0')
        {
          if(str[i]>'0'&&str[i]<'9')
              cout<<str[i];
          i++;
        }
}
```

2. 请在下划线处填上正确的内容，然后调试程序。

(1) 用数组处理 Fibonacci 数列问题。

程序代码如下：

```
#include <iostream.h>
#include <iomanip.h>
void main()
{
    int i;
    int f[20]=_____;
    for(i=2;i<20;i++)
        f[i]=_____;
    for(i=0;i<20;i++)
    {
        if(i%5==0) cout<<endl;
        cout<<setw(10)<<f[i];
    }
}
```

(2) 输入一个 3×3 的矩阵，然后求出此矩阵的主对角线元素的和。

程序代码如下：

```
#include <iostream.h>
```

```
void main()
{
    int a[3][3],sum=0;
    int i,j;
    for(i=0;i<3;i++)
        for(j=0;j<3;j++)
            _____;
    for(i=0;i<3;i++)
        sum=sum+_____;
    cout<<sum;
}
```

(3) 将字符串 str 逆序存放。

程序代码如下:

```
#include <iostream.h>
#include <string.h>
void main()
{
    char str[80], _____;
    int i,j;
    cin.get(str,80);
    for(i=0,j=_____;i<j;i++,j--)
    { k=str[j];str[j]=str[i];str[i]=k;}
    cout<<str;
}
```

(4) 编写程序,将字符数组 s2 中的字符串拷贝到字符数组 s1 中,实现 strcpy 函数的功能。

程序代码如下:

```
#include <iostream.h>
#include <string.h>
void main()
{
    char s1[50],s2[50];
    int i;
    cout<<"input string2: ";
    _____;
    for(i=0;i<=strlen(s2);i++)
        _____;
    cout<<s1;
}
```

3. 编写下面的程序并且上机调试出结果。

(1) 编写一个学生的单科成绩处理程序。要满足下面的具体要求:

① 学生的个数定义为符号常量；
② 学生成绩采用一维数组存放，并且由键盘逐个输入；
③ 能够实现输出学生成绩的平均分和及格学生所占百分比；
④ 以学生人数为 18 个，成绩分别是：47、89、90、67、78.5、55、98、97、70、68、56、88、59、53.5、84、88、91、100 为例，调试程序，记录运行的结果。

```
#include <iostream.h>
#define N 18
void main()
{
    float score[N],sum=0,aver,j=0;
    int i;
    cout<<"input the student's score: ";
    for(i=0;i<N;i++)
        cin>>score[i];
    for(i=0;i<N;i++)
    {
        sum=sum+score[i];
        if(score[i]>=60) j++;
    }
    aver=sum/18;
    cout<<"aver="<<aver<<endl<<"Failure=% "<<j*100/18;
}
```

(2) 编写程序处理矩阵相关的问题。请满足下面的要求：
① 矩阵定义为 3×4 的二维数组，数组的数据从键盘上输入；
② 将矩阵转置，存放在另一个二维数组中；
③ 求出转置前矩阵中最大的元素的值和对应的下标；
④ 计算该矩阵和转置矩阵 $\begin{bmatrix} 1 & 2 & 3 \\ 6 & 5 & 4 \\ 9 & 8 & 7 \\ 2 & 1 & 4 \end{bmatrix}$ 的乘积矩阵，输出乘积矩阵。

```
#include <iostream.h>
#include <iomanip.h>
void main()
{
    int a[3][4],b[4][3],c[3][3]={0},i,j,k,max,rl,cl;
    cout<<" input the array a: ";
    for(i=0;i<3;i++)
        for(j=0;j<4;j++)
        {
            cin>>a[i][j];
            b[j][i]=a[i][j];
        }
    max=a[0][0];
    rl=0;
```

```
            cl=0;
            for(i=0;i<3;i++)
                for(j=0;j<4;j++)
                    if(a[i][j]>max)
                    {
                        max=a[i][j];
                        rl=i;
                        cl=j;
                    }
            for(i=0;i<3;i++)
                for(j=0;j<3;j++)
                    for(k=0;k<4;k++)
                        c[i][j]+=a[i][k]*b[k][j];
            cout<<"array  b: "<<endl;
            for(i=0;i<4;i++)
            {
                cout<<endl;;
                for(j=0;j<3;j++)
                    cout<<setw(3)<<b[i][j];
            }
            cout<<endl<<"array c: "<<endl;
            for(i=0;i<3;i++)
            {
                cout<<endl;;
                for(j=0;j<3;j++)
                    cout<<setw(3)<<c[i][j];
            }
            cout<<endl<<"max="<<max<<"  row="<<rl<<"  col="<<cl;
}
```

(3) 编写程序,将数据序列进行排序。
① 利用冒泡排序法将该组数据按照从小到大的顺序排列并且输出排序后的结果。
② 利用选择排序法将该组数据按照从大到小的顺序排列并且输出排序后的结果。
③ 输入的数据依次是 2 34 12 15 78 45 8 20 10 82,写出运行后的结果。

```
#include<iostream.h>
#include<iomanip.h>
void main()
{
    int a[11];
    int i,j,min,t;
    cout<<"input 10 numbers: ";
    for(i=1;i<11;i++)
        cin>>a[i];
```

```
        cout<<endl;
        for(j=1;j<=9;j++)
            for(i=1;i<=10-j;i++)
                if(a[i]>a[i+1])
                    {t=a[i];a[i]=a[i+1];a[i+1]=t;}
        cout<<"the sorted numbers: "<<endl;
        for(i=1;i<=10;i++)
            cout<<setw(3)<<a[i];
        for(i=1;i<=9;i++)
        {
            min=i;
            for(j=i+1;j<=10;j++)
                if(a[min]<a[j]) min=j;
                { t=a[i];a[i]=a[min];a[min]=t; }
        }
        cout<<endl<<"the sorted numbers: "<<endl;
        for(i=1;i<=10;i++)
            cout<<setw(3)<<a[i];
}
```

(4) 编写两个字符串连接的程序,要满足以下的条件:

① 使用字符数组的初始化,实现数组的赋值;

② 使用第三个字符数组存放连接后的字符串,不用字符串处理函数 strcat;

③ 数据在输入和输出的时候要有信息提示。设两个串分别是 china 和 qinghua。

```
#include<iostream.h>
#include<string.h>
void main()
{
    char s1[20],s2[20],s3[50];
    int i,j,k;
    cout<<"please input the first string: ";
    cin.getline(s1,20);
    cout<<"please input the second string: ";
    cin.getline(s2,20);
    k=strcmp(s1,s2);
    if(k>0)
    {
        for(i=0;s1[i]!='\0';i++) s3[i]=s1[i];
        j=0;
        while((s3[i++]=s2[j++])!='\0');
    }
    else
    {
```

```
        for(i=0;s2[i]!='\0';i++) s3[i]=s2[i];
        j=0;
        while((s3[i++]=s1[j++])!='\0');
    }
    cout<<endl<<"New string: "<<s3;
}
```

(5) 有一行电文,已按照下面的规则译成密码:

$$A \rightarrow Z \qquad a \rightarrow z$$
$$B \rightarrow Y \qquad b \rightarrow y$$
$$C \rightarrow X \qquad c \rightarrow x$$
$$\vdots \qquad \vdots$$

即第一个字母变成了第 26 个字母,第 i 个字母变成第(26−i+1)个字母。非字母字符不变。要求编程序将密码译回原文,并打印出密码和原文。

程序如下:

```
#include <iostream.h>
#include <string.h>
void main()
{
    char s1[80],s2[80];
    int i,j;
    cout<<"input the password: ";
    cin.get(s1,80);
    j=strlen(s1);
    for(i=0;i<j;i++)
    {
        if(s1[i]>='a' && s1[i]<='z')
            s2[i]=219-s1[i];
        else if(s1[i]>='A'&&s1[i]<='Z')
            s2[i]=155-s1[i];
        else   s2[i]=s1[i];
    }
    s2[i]='\0';
    cout<<"the password is: "<<s1;
    cout<<endl<<"the Original text is: "<<s2;
}
```

【实验步骤】

1. 编辑源程序。
2. 对源程序进行编译并调试程序。
3. 链接并运行程序。

4. 检查手工推算的数据与上机运行后的数据有无差异,并分析原因所在。

【思考与练习】

1. 编写程序,找出二维数组中的"鞍点"。"鞍点"是指该位置上的元素在该行中最大,在该列中最小(也可能没有"鞍点"),打印出有关信息。数组元素如下:

$$\begin{bmatrix} 10 & 80 & 120 & 41 \\ 90 & -60 & 96 & 6 \\ 240 & 3 & 107 & 89 \end{bmatrix}$$

2. 查找数值 20 在二维数组(3×4)中第一次出现的位置,数组元素如下:

$$\begin{bmatrix} 1 & 8 & 10 & 20 \\ 85 & -1 & 19 & 79 \\ 40 & 83 & 34 & 20 \end{bmatrix}$$

实验 5 模 块 设 计

【实验目的】

1. 掌握函数定义的方法,函数间的参数传递形式。
2. 掌握函数的嵌套、递归调用方法和应用。
3. 掌握局部变量、全局变量的定义和使用。
4. 掌握重载函数的概念及函数参数在重载函数中的作用。
5. 理解函数模板和模板函数的概念,并会编写简单的函数模板。
6. 掌握内联函数的作用及使用方法。
7. 掌握宏定义的方法及宏替换的实质。

【实验准备】

1. 复习函数的概念、定义格式、变量的作用域,宏定义的方法及宏替换的方法,函数调用过程中数据的传递方法等。
2. 理解为什么要引入重载函数机制,了解函数参数在重载函数中的作用。
3. 明确内联函数的使用方法。
4. 熟悉函数模板的定义语法。

【实验内容】

1. 阅读下列程序,分析程序的功能,然后上机验证结果。

```
#include <iostream.h>
void main()
{
    void f(float x,float y);
    float a,b;
```

```
        cin>>a>>b;
        f(a,b);
    }
    void f(float x,float y)
    {
        float z;
        if(x>y)
            z=x+y;
        else
            z=x-y;
        cout<<z;
    }
```

程序分析提示：该程序通过函数 f，对形式参数 x,y 进行相应运算。通过该题目验证用户自定义函数的定义、调用、参数传递和返回值之间的关系。

2. 已知 e＝1＋1/1!＋1/2!＋1/3!＋…＋1/n!，试用公式求 e 的近似值，要求累加所有不小于 10^{-6} 的项值。用函数 fun 完成任意数的阶乘。

```
    #include <iostream.h>
    int fun(int i);
    void main()
    {
        int i;
        double e,n;
        e=0.0;
        i=1;
        n=1.0;
        while(n>1.0e-6)
        {
            n=1.0/fun(i);
            i++;
            e=e+n;
        }
        cout<<e;
    }
    int fun(int i)
    {
        int j,k=1;
        for(j=1;j<=i;j++)
            k=k*j;
        return(k);
    }
```

程序分析提示：用主函数完成 1 与 1/1! 到 1/n! 的相加，直到 1/n! 的值小于 10^{-6}。n 通过形参传递给函数 fun，用 1×2×3×…×n 求 n 的阶乘。

3. 有以下序列：2,2,4,6,10,16,26,42,68,110,…，要求在主函数中从键盘输入序列中数据的个数 n，按照上述序列规则，编写一个函数求这 n 个数据。

```cpp
#include <iostream.h>
int f(int n)
{
    if(n>2)
        return(f(n-1)+f(n-2));
    else
        return(2);
}
void main()
{
    int n,i;
    cout<<"please input n: ";
    cin>>n;
    for(i=0;i<n;i++)
        cout<<f(i+1)<<" ";
}
```

程序分析提示：由主函数任意输入一个整数 n，由题意可知当 n＝1 和 2 时，结果都为 2，当 n 大于 2 时，由这个数的前两个数相加而得。要求主函数把 n 传递给子函数 f，求 f(n) 的值，并且用递归函数实现。

4. 定义一个有参宏 SWAP(x,y)，用以交换两个参数的值，写出程序，输入两个数作为宏的实参，输出交换后的两个值。

```cpp
#include <iostream.h>
#define SWAP(a,b) t=b;b=a;a=t;
void main()
{
    int a,b,t;
    cout<<"输入两个整数 a,b: ";
    cin>>a>>b;
    SWAP(a,b);
    cout<<"交换后 a="<<a<<"b="<<b;
}
```

程序分析提示：本题已明确要求使用有参宏交换两个参数的值，所以可以按题目要求，用 x,y 作为参数，利用一个中间量 t 使用 t＝b;b＝a;a＝t;来交换两个参数的值。

5. 分别编写两个同名的函数 max，用于求 2 个整型数据的最大值和 2 个浮点型数据的最大值，在主函数中定义 2 个整型变量和两个浮点型变量，输入它们的数值，然后调用这两个函数。

分析：重载函数的调用，编译器会根据传递参数的不同而决定使用哪一个函数。

程序设计如下：

```cpp
#include <iostream.h>
```

```
inline int max(int x,int y)
{
    int z;
    z=x>y?x: y;
    return z;
}
inline float max(float x,float y)
{
    float z;
    z=x>y?x: y;
    return z;
}
int main()
{
    int int_m,int_n;
    float f_m,f_n;
    cout<<"Please input int_m and int_n: ";
    cin>>int_m>>int_n;
    cout<<"Please input f_m and f_n: ";
    cin>>f_m>>f_n;
    cout<<"the max of two int is: "<<max(int_m,int_n)<<endl;
    cout<<"the max of two float is: "<<max(f_m,f_n)<<endl;
    return 0;
}
```

6. 根据上题内容，把 max 函数改为函数模板。与上题进行比较，体会函数模板的用法。

分析：功能相同的函数用函数模板设计，编译器从实参类型推导出模板函数的参数类型。

程序设计如下：

```
#include<iostream.h>
template<typename T>
T max(T x,T y)
{
    T z;
    z=x>y?x: y;
    return z;
}
int main()
{
    int int_m,int_n;
    float f_m,f_n;
    cout<<"Please input int_m and int_n: ";
```

```
    cin>>int_m>>int_n;
    cout<<"Please input f_m and f_n: ";
    cin>>f_m>>f_n;
    cout<<"the max of two int is: "<<max(int_m,int_n)<<endl;
    cout<<"the max of two float is: "<<max(f_m,f_n)<<endl;
    return 0;
}
```

【实验步骤】

1. 编辑源程序。
2. 对源程序进行编译并调试程序。
3. 链接并运行程序。
4. 检查手工推算的数据与上机运行后的数据有无差异,并分析原因所在。

【思考与练习】

1. 由键盘任意输入一个整数 x,编写一个函数 isprime()用来判断输入的这个整数是否为素数,若是素数,函数返回 1,否则返回 0。
2. 由键盘任意输入两个整数 x、y,编写一个函数 mypow()用来求 x 的 y 次方。
3. 用二分法查找法查找数组 a 中的元素。
4. 编写一个带有默认参数的函数,该函数功能是求两个整数的和,在主函数中 3 次调用该函数,分别传递两个参数、一个参数和不传参数。观察结果并思考结果产生的原因。
5. 求最小值,主函数如下,请补充 min 函数,使程序完整。

```
#include<iostream.h>
void main()
{
    cout<<"两个数中的最小值: "<<min(2,8)<<endl;
    cout<<"三个数中的最小值: "<<min(4,27,9)<<endl;
}
```

6. 编写一个分别能求整型数据和实型数据绝对值的函数模板。

实验 6 指 针

【实验目的】

1. 掌握指针和多级指针的概念。
2. 掌握定义和使用指针变量及指针数组。
3. 理解并掌握指针作为函数参数的用法。
4. 掌握字符串指针变量。

5. 理解指向函数的指针变量和指针函数。
6. 掌握动态内存分配和释放的方法。
7. 了解引用和指针的区别,掌握引用的使用方法。

【实验准备】

1. 复习和掌握指针及指针数组的基本概念和用法。
2. 复习和掌握字符串指针、函数指针及指针函数的基本用法。
3. 了解在什么情况下申请动态内存。
4. 理解引用的概念。
5. 读懂调试程序题和程序填空题,在上机前把答案写出来;编程题代码事先在稿纸上编写,上机时一并进行调试。
6. 对程序调试中可能出现的问题应事先作出估计。

【实验内容】

1. 输入并调试运行以下程序。

(1)

```
#include <iostream.h>
void main()
{
    int a[10]={0,1,2,3,4,5,6,7,8,9},*p;
    p=&a[5];
    cout<<a[5]<<'\t'<<*p<<endl;
}
```

(2)

```
#include <iostream.h>
void ast(int x,int y,int *cp,int *dp)
{
    *cp=x+y;
    *dp=x-y;
}
int main()
{
    int a,b,c,d;
    a=4; b=3;
    ast(a,b,&c,&d);
    cout<<c<<'\t'<<d;
}
```

(3)

```
#include <iostream.h>
```

```
void main()
{
    int a[3][4]={1,3,5,7,9,11,13,15,17,19,21,23};
    int (*p)[4]=a,i,j,k=0;
    for (i=0;i<3;i++)
        for (j=0;j<2;j++)
            k=k+*(*(p+i)+j);
    cout<<k;
}
```

(4)

```
#include <iostream.h>
#include <string.h>
void main()
{
    char s[80],*sp="HELLO!";
    sp=strcpy(s,sp);
    s[0]='h';
    cout<<sp;
    cout<<s;
}
```

(5)

```
#include <iostream.h>
void main()
{
    static int a[4]={1,3,5,7};
    static int *p[4]={&a[0],&a[1],&a[2],&a[3]};
    cout<<**(p+1)<<'\t'<<*(p+2));
}
```

2. 程序填空题。

(1) 找出三个整数中的最小值并输出。

```
#include <iostream.h>
void main()
{
    int *a,*b,*c,num,x,y,z;
    a=&x;b=&y;c=&z;
    cout<<"输入 3 个整数：";
    cin>>a>>b>>c;
    cout<<*a<<'\t'<<*b<<'\t'<<*c;
    num=*a;
    if(*a>*b)_____;
    if(num>*c)_____;
```

```
    cout<<"输出最小整数："<<num<<endl;
}
```

(2) 将数组 a 中的数据按逆序存放。

```
#include<iostream.h>
#define M 8
void main()
{
    int a[M],i,j,t;
    for(i=0;i<M;i++) cin>>a+i;
    i=0;j=M-1;
    while(i<j)
    {
        t=*(a+i);
        _____;         /*引用非变址运算符引用数组元素*/
        *(_____)=t;    /*引用非变址运算符引用数组元素*/
        i++;j--;
    }
    for(i=0;i<M;i++) cout<<'\t'<<*(a+i);
}
```

(3) 下面程序的功能是将两个字符串 s1 和 s2 连接起来。

```
#include<iostream.h>
void main()
{
    char s1[80],s2[80];
    cin>>s1; cin>>s2;
    conj(s1,s2);
    cout<<s1;
}
conj(char *p1,char *p2)
{
    char *p=p1;
    while(*p1)_____;
    while(*p2){*p1=_____;p1++;p2++;}
    *p1='\0';
    _____;
}
```

(4) 下面 count 函数用来计算子串 substr 在母串 str 中出现的次数。

```
count(char *str,char *substr)
{
    int x,y,z;
    int num=0;
```

```
        for(x=0;str[x]!='\n';x++)
            for(y=_____,z=0;substr[z]==str[y];z++,y++)
                if(substr[_____]==NULL)
                {
                    num++;
                    break;
                }
}
```

3. 编写程序,在主函数中输入两个整型数据,赋值给两个整型变量。通过函数调用,交换两个变量的值,参数传递采用引用传递方式,显示交换前和交换后的变量的值。被调函数请用内联函数实现。

分析:本程序的目的是验证引用传递参数的作用。

程序设计如下:

```
#include <iostream.h>
inline swap(int & x,int & y)
{
    int t;
    t=x;
    x=y;
    y=t;
}
int main()
{
    int m,n;
    cout<<"input m and n: ";
    cin>>m>>n;
    cout<<"m="<<m<<" n="<<n<<endl;
    swap(m,n);
    cout<<"after swap: \n";
    cout<<"m="<<m<<" n="<<n<<endl;
    return 0;
}
```

【实验步骤】

1. 检查所用的计算机系统是否符合C++程序的运行要求。
2. 在调试程序过程中,注意观察并记录编译和运行的错误信息,将程序调试正确。
3. 理解实验结果,并回答实验过程中的问题。
4. 完成思考与练习。
5. 完成实验报告。

【思考与练习】

（以下各题均要求用指针方法实现）

1. 编写一个函数，对传递过来的三个数求出最大和最小数，并通过形参传送回调用函数。
2. 编写函数，对传递进来的两个整型数据计算它们的和与积之后，通过参数返回。
3. 从键盘输入 10 个数，使用冒泡法对这 10 个数进行排序。
4. 编写一个程序，将用户输入的字符串中的所有数字提取出来。
5. 编写函数，将一个字符串中的字母全部转换为大写。
6. 思考内联函数的工作原理，明白内联函数的优点及使用注意事项。
7. 仔细阅读下列程序，写出结果并找出程序中存在的问题，请改正。仔细体会使用动态分配时应避免出现类似问题。

```
#include <iostream.h>
int fun();
int main()
{
    int a=fun();
    cout<<"the value of a is: "<<a;
    return 0;
}
int fun()
{
    int * p=new int(5);
    return * p;
}
```

8. 声明一个 int 型变量 a、一个 int 型指针变量 p 和一个引用 r，通过 p 把 a 的值改变为 5，再通过 r 把 a 的值改为 3。观察变量 a 值的变化，思考指针和引用的区别。

实验 7　类和对象(1)

【实验目的】

1. 掌握类的定义方法。
2. 掌握类成员函数的定义方法。
3. 掌握类对象的定义及其访问方式。
4. 理解构造函数和析构函数的定义、作用和调用机制。
5. 掌握拷贝构造函数的作用和用法。

【实验准备】

1. 理解类和对象的概念。

2. 如何定义一个类,类中包括哪些内容。
3. 理解对象初始化的概念和方式。
4. 了解构造函数和析构函数的作用。
5. 什么时候需要拷贝构造函数。

【实验内容】

1. 定义一个学生类 Student,学生类中有 3 个私有数据成员：num(学号)、name(姓名)、age(年龄);3 个公有成员函数：Student(构造函数)、display、~Student(析构函数)。使用构造函数为 Student 类的对象赋值(name 使用动态内存分配空间),display 负责显示学生的基本信息,在析构函数中释放动态分配的内存。

分析：在构造函数中为 name 动态分配内存,然后赋值,在析构函数中释放。

程序设计如下：

```
#include <iostream.h>
#include <string.h>
class Student
{
private:
    int num;
    char * name;
    int age;
public:
    Student(int n,char * na,int a)
    {
        cout<<"constructing..."<<endl;
        num=n;
        name=new char[strlen(na)+1];
        strcpy(name,na);   //注意,此时语句不能写成 name=na;
        age=a;
    }
    void display()
    {
        cout<<"num: "<<num<<endl;
        cout<<"name: "<<name<<endl;
        cout<<"age: "<<age<<endl;
    }
    ~Student()
    {
        cout<<"distructing..."<<endl;
        delete []name;
    }
};
int main()
```

```
    Student stu(1001,"王小红",19);
    stu.display();
    return 0;
}
```

2. 阅读程序,预测功能,再上机编辑、运行该程序,以验证自己的预测。

分析:理解拷贝构造函数的目的和调用。在三种情况下,系统自动调用拷贝构造函数。

(1) 当用类的一个对象去初始化该类的另一个对象时;

(2) 如果函数的形参是类的对象,调用函数,进行形参和实参的结合时;

(3) 如果函数的返回值是类的对象,函数执行完成返回调用者时。

以下程序都是定义一个屏幕上的点类,该类具有 x、y 坐标属性。

【程序 1】

```
#include <iostream.h>
class Point
{
public:
    Point(int xx=0, int yy=0)
    {
        X=xx; Y=yy;
        cout<<"调用构造函数\n";
    }
    Point(Point &p);
    int GetX(){ return X; }
    int GetY(){ return Y; }
private:
    int X,Y;
};
Point::Point(Point & p)
{
    X=p.X;
    Y=p.Y;
    cout<<"调用拷贝构造函数\n";
}
void main()
{
    Point A(3,4);
    Point B(A);            //b行
    cout<<B.GetX()<<"\n";
}
```

思考：

(1) 将 b 行改写为 Point B=A；程序输出结果会有变化吗？

(2) 将 b 行改写为 Point B；B=A；程序输出结果会有变化吗？

【程序 2】

```
#include <iostream.h>
class Point
{
public:
    Point(int xx=0,int yy=0)
    {
        X=xx; Y=yy;
        cout<<"调用构造函数\n";
    }
    Point(Point & p);
    int GetX(){ return X; }
    int GetY(){ return Y; }
private:
    int X,Y;
};
Point::Point(Point & p)
{
    X=p.X;
    Y=p.Y;
    cout<<"调用拷贝构造函数\n";
}
void fun1(Point p)
{
    cout<<p.GetX()<<"\n";
}
void main()
{
    Point A(4,5);
    Point B(A);
    cout<<B.GetX()<<"\n";
    fun1(B);             //调用拷贝构造函数,实现形参和实参结合
}
```

【程序 3】

```
#include <iostream.h>
class Point
{
public:
    Point(int xx=0,int yy=0)
```

```
    {
        X=xx; Y=yy;
        cout<<"调用构造函数\n";
    }
    Point(Point & p);
    int GetX()    {return X;}
    int GetY()    {return Y;}
private:
    int X,Y;
};
Point::Point(Point &p)
{
    X=p.X;
    Y=p.Y;
    cout<<"调用拷贝构造函数\n";
}
Point fun2()
{
    Point Temp(10,20);        //调用构造函数
    return Temp;
}
void main()
{
    Point A(4,5);
    Point B(A);
    cout<<B.GetX()<<"\n";
    B=fun2();
    cout<<B.GetX()<<"\n";
}
```

【实验步骤】

1. 编辑源程序。
2. 对源程序进行编译并调试程序。
3. 连接并运行程序。
4. 检查输出结果是否正确。

【思考与练习】

1. 构造函数的作用以及在什么情况下调用构造函数。
2. 在什么情况下拷贝构造函数被调用。
3. 构造一个圆柱体的类,定义该类对象 a,再定义一个和 a 同底等高的圆柱体 b,计算 a 圆柱体的底面积,计算 b 圆柱体的体积。

实验 8　类和对象(2)

【实验目的】

1. 掌握堆对象的概念及创建和删除堆对象的方法。
2. 掌握静态成员的作用及用法。
3. 理解友元的作用,掌握其使用方法。

【实验准备】

1. 明确堆对象的概念。
2. 了解静态成员在什么情况下使用。
3. 理解友元的作用,掌握如何声明友元函数和友元类。

【实验内容】

1. 定义一个平面上点的类 Point,该类包含平面坐标 x、y 和统计当前创建该对象个数的计数器 count,构造函数,析构函数,以及能够输出计数器 count 的函数。设计程序,实现在任意时候都能够访问计数器。

分析:在构造函数中要为 count 加 1,在析构函数中 count 减 1。

程序设计如下:

```
#include<iostream.h>
class Point
{
public:
    Point(int xx=0,int yy=0){X=xx;Y=yy;count++;}    //创建对象时计数器加 1
    ~Point(){ count--; }                             //对象消失时计数器减 1
    int GetX(){ return X; }
    int GetY(){ return Y; }
    static void GetC(){cout<<"平面当前共有: "<<count<<"个点"<<endl;}
private:
    int X,Y;
    static int count;
};
int Point::count=0;                                  //注意静态变量的初始化位置
int main()
{
    Point::GetC();                                   //直接通过类名访问静态函数
    Point A(4,5);
    cout<<A.GetX()<<A.GetY();
    A.GetC();
    Point B(2,3);
```

```
        cout<<B.GetX()<<B.GetY();
        Point::GetC();
        return 0;
}
```

2. 设计一个程序,利用友元函数计算上题中平面上两点之间的距离。

分析:友元函数可以直接访问两个对象的私有成员。

程序设计如下:

```
#include <iostream.h>
#include <cmath>
class Point
{
public:
    Point(int xx=0,int yy=0){ X=xx;Y=yy; }
    void Display(){ cout<<X<<","<<Y<<endl; }
    friend float dis(Point & M,Point & N);
private:
    int X,Y;
};

float dis(Point & M,Point & N)
{
    float t;
    t=sqrt((M.X-N.X) * (M.X-N.X)+(M.Y-N.Y) * (M.Y-N.Y));
    return t;
}
int main()
{
    Point A(1,2);
    cout<<"A 点的坐标为: ";
    A.Display();
    Point B(3,5);
    cout<<"B 点的坐标为: ";
    B.Display();
    cout<<"两点之间的距离为: "<<dis(A,B)<<endl;
    return 0;
}
```

【实验步骤】

1. 编辑源程序。
2. 对源程序进行编译并调试程序。
3. 连接并运行程序。

4. 检查输出结果是否正确。

【思考与练习】

1. 静态成员的作用？
2. 构造一个父亲类 Father 和一个儿子类 Son,两个类中分别有表示各自年龄的数据成员,写一个友元函数,该函数可以计算出父子年龄总和。
3. 若创建的堆对象在使用完毕后没有及时删除,会出现什么情况？

实验 9 继承与派生

【实验目的】

1. 学会从现有类派生出新类的方式。
2. 了解基类成员在派生类中的访问控制。
3. 熟悉派生类中构造函数和析构函数的调用顺序。
4. 掌握虚基类所要解决的问题。

【实验准备】

1. 学习教材有关继承与派生类的内容。
2. 学习掌握单继承的继承方式和成员访问控制在不同的继承方式下的变化。
3. 理解多继承的二义性及其解决方法。
4. 理解虚基类的工作原理。

【实验内容】

1. 仔细阅读下列程序,写出运行结果。

```
#include <iostream.h>
class A
{
public:
    A(int m){ cout<<"A constructor: "<<m<<endl; }
    ~A(){ cout<<"A distructor"<<endl; }
};
class B
{
public:
    B(int n){ cout<<"B constructor: "<<n<<endl;}
    B(){cout<<"B distructor"<<endl;}
};
class C: public B,public A
{
```

```
public:
    C(int a,int b,int c,int d,int e):A(b),B(e),bb(c),aa(d)
    { cout<<"C constructor: "<<a<<endl; }
    ~C(){ cout<<"C distructor"<<endl; }
private:
    A aa;
    B bb;
};
int main()
{ C cc(1,2,3,4,5); }
```

分析：注意派生类和基类中构造函数和析构函数的调用顺序。

程序输出结果如下：

```
B constructor: 5
A constructor: 2
A constructor: 4
B constructor: 3
C constructor: 1
C destructor
B destructor
A destructor
A destructor
B destructor
```

2. 定义一个 Person 类，数据成员包含能够保存姓名的变量 name，其中有能够输出姓名的成员函数 PrintName()。

现从 Person 类派生出 Worker 类，该类包括数据成员 num 用来记录对象的工号、sex 用来记录对象的性别、age 用来记录对象的年龄、address 用来记录对象的家庭住址；包括函数成员 Printinfo()用来输出对象的个人信息。

要求：

（1）构造 Worker 类对象输出该对象的工号、年龄、家庭住址等信息。

（2）在 Worker 类的 Printinfo() 成员函数中须调用 Person 类的成员函数 PrintName()。

输出结果如：

丁一   10127   男   28   合肥市长江路 369 号

分析：注意选择派生类对基类的继承方式。

程序设计如下。

```
#include <iostream.h>
class Person
{
public:
    Person(char * n){ name=n; }
```

```cpp
    PrintName(){ cout<<name<<' '; }
private:
    char * name;
};
class Worker: public Person
{
public:
    Worker(char * n,int nu,char * s,int ag,char * add):Person(n)
    { num=nu; sex=s; age=ag; address=add;}
    PrintInfo()
    {
        PrintName();
        cout<<num<<' '<<sex<<' '<<age<<' '<<address<<' '<<endl;
    }
private:
    int num;
    char * sex;
    int age;
    char * address;
};
int main()
{
    Worker b("丁一",10127,"男",28,"合肥市长江路 369 号");
    b.PrintInfo();
    return 0;
}
```

【实验步骤】

1. 编辑源程序。
2. 对源程序进行编译并调试程序。
3. 连接并运行程序。
4. 检查输出结果是否正确。

【思考与练习】

1. 思考在基类中 public、private、protected 性质的成员分别以不同的继承方式被派生类继承后的访问控制方式的变化。
2. 私有继承和保护继承有何区别？
3. 根据提示在空白处填入适当的语句完成下列程序。

```cpp
#include<iostream.h>
class Base
{
```

```
    public:
        void fun(){ cout<<"Base::fun"<<endl; }
};
class Derived: public Base
{
    void fun()
    {   _____//显示调用基类的函数 fun()
        cout<<"Derived::fun"<<endl;
    }
};
```

4. 找出下列程序的错误,思考错误原因并改正。

```
#include <iostream.h>
class   A
{
public:
    int x;
};
class B1: public A
{
public:
    int y ;
};
class B2: public A
{
public:
    int z ;
};
class C: public B1,public B2
{
public:
    int m ;
};
int main()
{
    C c;
    c.x=2;
    c.y=3;
    c.z=4;
}
```

5. 下面程序段,输出结果为:

B constructor: 5
A constructor: 2

A constructor: 4
B constructor: 3
C constructor: 1

请根据以上输入结果,在下列横线处填上适当语句

```
#include <iostream.h>
class  A
{
public:
    A(int m){cout<<"A constructor: "<<m<<endl;}
};
class B
{
public:
    B(int n){ cout<<"B constructor: "<<n<<endl;}
};
class  C: _____,_____
{
public:
    C(int a,int b,int c,int d,int e):A(b),B_____,bb_____,aa_____
    {cout<<"C constructor: "<<a<<endl;}
private:
    A   aa;
    B   bb;
};
int main()
{ C   cc(1,2,3,4,5); }
```

实验 10　多态性与虚函数

【实验目的】

1. 理解多态性的概念。
2. 了解编译时的多态和运行时的多态。
3. 掌握虚函数的定义及实现,掌握虚析构函数的使用方法。
4. 了解纯虚函数和抽象类的关系及用法。

【实验准备】

1. 学习教材有关多态性与虚函数的内容。
2. 理解静态多态和动态多态之间的区别。
3. 什么是虚函数?什么是纯虚函数?什么是抽象类?为什么要引入虚函数机制?

【实验内容】

1. 设计一个基类 Base,其作用是计算一个图形的面积,它只有一个公有的函数成员虚函数 area。再从 Base 类公有派生一个三角形类 Triangle 和一个圆类 Circle,在类 Triangle 和类 Circle 中分别定义自己的 area 函数,用于计算各自的面积。在主函数中设计一个 Base 类的对象指针,分别指向类 Triangle 和类 Circle 的对象,调用各自的 area 函数显示相应对象的面积。

分析:用虚函数实现多态。

程序设计如下:

```
#include<iostream.h>
const float PI=3.14;
class Base
{
public:
    virtual void area()
    {
    cout<<"Base 中无实在面积输出!"<<endl;
    }
};
class Triangle: public Base
{
public:
    Triangle(float w,float h)
    {
        width=w;
        height=h;
    }
    void area()
    {
        cout<<"三角形的底为: "<<width<<"高为: "<<height<<"面积为: "<<width *
        height/2<<endl;
    }
    private:
        float width,height;
};
class Circle: public Base
{
public:
    Circle(float r)
    {
        radius=r;
    }
```

```cpp
        void area()
        {
            cout<<"圆形的半径为: "<<radius<<"面积为: "<<PI * radius * radius<<endl;
        }
    private:
        float radius;
};
int main()
{
    Base * p;
    Triangle obj1(2.0,3.0);
    Circle obj2(1.0);
    p=&obj1;
    p->area();
    p=&obj2;
    p->area();
    return 0;
}
```

2. 将上题中的 Base 类改为抽象类，应用抽象类，求矩形、圆形的周长和面积。

分析：将 Base 类的其成员函数 area 和 perimeter 声明为纯虚函数，Base 就成为一个抽象类。然后再从 Base 派生矩形类和圆形类，分别实现 Base 中纯虚函数的功能。

程序设计如下：

```cpp
#include <iostream.h>
const float PI=3.14;
class Base
{
public:
    virtual void area()=0;
    virtual void perimeter()=0;
};
class Rectangle: public Base
{
public:
    Rectangle(float w,float h)
    {
        width=w;
        height=h;
    }
    void area()
    {
        cout<<"矩形的长为: "<<width<<" 宽为: "<<height<<" 面积为: "<<width * height<<endl;
```

```cpp
    }
    void perimeter()
    {
        cout<<"周长为: "<<2*(width+height)<<endl;
    }
private:
    float width,height;
};
class Circle: public Base
{
public:
    Circle(float r)
    {
        radius=r;
    }
    void area()
    {
        cout<<"圆形的半径为: "<<radius<<" 面积为: "<<PI*radius*radius<<endl;
    }
    void perimeter()
    {
        cout<<"周长为: "<<2*PI*radius<<endl;
    }
private:
    float radius;
};
int main()
{
    Base * p;
    Rectangle obj1(2.5,3.7);
    Circle obj2(1.3);
    p=&obj1;
    p->area();
    p->perimeter();
    p=&obj2;
    p->area();
    p->perimeter();
    return 0;
}
```

【实验步骤】

1. 编辑源程序。
2. 对源程序进行编译并调试程序。
3. 连接并运行程序。

4. 检查输出结果是否正确。

【思考与练习】

1. 什么是多态？
2. 静态多态性和动态多态性有何区别？
3. 抽象类不能_____，但可以声明抽象类的_____作为函数类型。
4. 读下列程序，分析其中的错误原因；

程序如下：

```cpp
#include <iostream.h>
class A
{
public:
    virtual void Set()=0;
private:
    int x;
};
int main()
{   A f; }
```

5. 阅读下面程序，分析程序是否有错误。若有，分析错误原因并改正。

程序如下：

```cpp
#include<iostream.h>
class A
{
public:
    A()
    {
        cout<<"A constructor"<<endl;
    }
    ~A()
    {
        cout<<"A destructor"<<endl;
    }
};
class B: public A
{
public:
    B()
    {
        p=new int(5);
    }
    ~B()
```

```
        {
            cout<<"B destructor"<<endl;
            delete p;
        }
    private:
        int * p;
};
void fun(A * q)
{
    delete q;
}
int main()
{
    A * s=new B;
    fun(s);
}
```

6. 运行下列程序,观察输出结果。请修改程序,使程序输出结果为:

A0
A1
A2

修改后思考,为什么这样修改可以达到目的。

```
#include"iostream.h"
class A0
{
public:
    void display(){cout<<"A0"<<endl;}
};
class A1: public A0
{
public:
    void display(){cout<<"A1"<<endl;}
};
class A2: public A1
{
public:
    void display(){cout<<"A2"<<endl;}
};
int main()
{
    A0 a0,* p;
    A1 a1;
    A2 a2;
```

```
    p=&a0;
    p->display();
    p=&a1;
    p->display();
    p=&a2;
    p->display();
}
```

实验 11　运算符重载与类型转换

【实验目的】

1. 掌握运算符重载的定义及实现。
2. 熟练掌握运算符重载为类成员函数和重载为一般普通函数的区别。
3. 掌握类型转换的方法。

【实验准备】

1. 了解运算符重载也是一种多态的体现。
2. 知道运算符如何重载为类成员函数和一般普通函数,如何声明为类的友元。
3. 哪些操作符可以重载?
4. 理解类型转换的概念。

【实验内容】

1. 将运算符"+="重载为适用于两个复数的复合赋值运算。

分析:重载函数做为类 Data 的成员函数,要注意参数的传递。

程序设计如下:

```
#include<iostream.h>
class Data
{
public:
    Data(double r=0,double i=0){ real=r;imag=i; }
    Data operator +=(Data x);
    void print();
private:
    double real;
    double imag;
};
Data Data::operator +=(Data x)
{
    real=x.real+real;
    imag=x.imag+imag;
```

```
    return * this;
}
void Data::print()
{
    cout<<"("<<real<<","<<imag<<")"<<endl;
}
void main()
{
    Data d1(2,4);
    Data d2(1,5);
    d1+=d2;
    cout<<"运算后,d1 的值为: ";
    d1.print();
}
```

2. 用户自定义点类型,其中包含一个单个长整型参数的构造函数,实现自定义点类型变量与一个整型常量的算术运算。

分析:用转换构造函数实现类型转换功能。

程序设计如下:

```
#include<iostream.h>
class Point
{
public:
    Point(long xx,long yy){ x=xx;y=yy; }
    Point(long s=0){ x=s;y=s; }
    Point operator = (Point p);
    Point operator + (Point p);
    void print()
    {
        cout<<"("<<x<<","<<y<<")"<<endl;
    }
private:
    long x,y;
};
Point Point::operator = (Point p)
{
    x=p.x;
    y=p.y;
    return p;
}
Point Point::operator + (Point p)
{
```

```
    return Point(x+p.x,y+p.y);
}
void main()
{
    Point p1(10,20),p2;
    cout<<"p1";
    p1.print();
    cout<<"转换构造函数实现类型自动转换：p2= p1+10"<<endl;
    p2=p1+10;
    cout<<"p2: ";
    p2.print();
}
```

【实验步骤】

1．编辑源程序。
2．对源程序进行编译并调试程序。
3．连接并运行程序；
4．检查输出结果是否正确。

【思考与练习】

1．运算符重载的关键字是什么？
2．C++中不能重载的运算符有哪些？
3．将运算符"＋"、"－"重载为适用于一个复数和一个整型数据的加、减运算。（要求把"＋"重载为成员函数，把"－"重载为友元函数）。
4．使用转换函数将时间类型转换为整型，使程序运行结果如下：

x=30

t1 为：

5：10：58

转换函数实现类型转换：

y=(int)t1+x
y=4280

实验 12 类　模　板

【实验目的】

1．理解类模板和模板类的概念。
2．掌握类模板定义、实现及应用的基本方法。

【实验准备】

学习有关模板的内容,对函数模板和类模板的定义、实现及应用有充分的理解和把握。

【实验内容】

编写一个使用类模板对数组中元素进行排序和求和的程序。

分析:模板中完成排序和求和的操作,注意格式。

程序设计如下:

```cpp
#include <iostream.h>
template <class T>
class Array
{
    T * set;
    int n;
public:
    Array(T * data,int i){ set=data; n=i; }
    ~Array(){}
    void sort();
    T sum();
    void disp();
};
template <class T>
void Array<T>::sort()
{
    int i,j;
    T temp;
        for(i=1; i<n; i++)
            for(j=n-1; j>=i; j--)
                if(set[j-1]>set[j])
                {
                    temp=set[j-1]; set[j-1]=set[j]; set[j]=temp;
                }
}
template <class T>
T Array<T>::sum()
{
    T s=0;int i;
    for(i=0; i<n; i++)
        s +=set[i];
    return s;
}
```

```cpp
template <class T>
void Array<T>::disp()
{
    int i;
    for(i=0; i<n; i++)
        cout<<set[i]<<" ";
    cout<<endl;
}
void main()
{
    int a[]={ 6,3,8,1,9,4,7,5,2 };
    double b[]={ 2.3,6.1,1.5,8.4,6.7,3.8 };
    Array<int>a1(a,9);
    Array<double>b1(b,6);
    cout<<"a 数组原序列为: "<<endl;
    a1.disp();
    a1.sort();
    cout<<"排序后: "<<endl;
    a1.disp();
    cout<<"a 数组元素和为: "<<a1.sum()<<endl<<endl;
    cout<<"b 数组原序列为: "<<endl;
    b1.disp();
    b1.sort();
    cout<<"排序后: "<<endl;
    b1.disp();
    cout<<"b 数组元素和为: "<<b1.sum()<<endl;
}
```

【实验步骤】

1. 编辑源程序。
2. 对源程序进行编译并调试程序。
3. 连接并运行程序。
4. 检查输出结果是否正确。

【思考与练习】

1. 为什么要使用类模板？
2. 有如下程序,程序中有 6 处标记,找出 6 处标记中哪些有错误,并改正错误。

```cpp
#include <iostream.h>
template <class T>
class Array
{
```

```
protected:
    int num;
    T * p;
public:
    Array(int);
    ~Array();
};
Array::Array(int x)              //①
{
    num=x;                       //②
    p=new T[num];                //③
}
Array::~Array()                  //④
{
    delete []p;                  //⑤
}
void main()
{
    Array a(10);                 //⑥
}
```

3. 写出下面程序的运行结果：

```
#include <iostream.h>
template <typename T, int N>
class A
{
    T a[N];
public:
    A();
    void show()
    { cout<<"N="<<N<<endl; }
    void sh();
};
template <typename T, int N>
A<T,N>::A()
{ for(int i=0; i<N; ++i)
    {
    cout<<"input a["<<i<<"] : ";
    cin>>a[i];
    }
}
template <typename T, int N>
void A<T,N>::sh()
{
```

```
        for(int i=0; i<N; ++i)
        { cout<<"a["<<i<<"]="<<a[i]<<endl; }
}
void main()
{
    A<int,5>aa;
    aa.show();
    aa.sh();
}
```

从键盘上输入的值：

1 ↵
2 ↵
3 ↵
4 ↵
5 ↵

实验 13 I/O 流

【实验目的】

1. 了解 I/O 流的常用格式控制方法。
2. 掌握对文本文件的输入输出操作。
3. 掌握对二进制文件的输入输出操作。

【实验准备】

1. 理解流的概念。
2. 了解常用格式控制方法。
3. 掌握 C++ 文件的概念及文本文件和二进制文件的区别。
4. 掌握文件打开和关闭的方法。
5. 掌握文本文件的读写方式。
6. 掌握二进制文件的读写方式(用 ios 类成员函数 read()和 write()批量读写文件)。
7. 掌握随机访问文件的方法。

【实验内容】

1. 请分析下列程序的输出结果,并上机进行验证。
分析：熟悉格式化 I/O 流操作。
程序如下：

```
#include <iostream.h>
#include <iomanip.h>
```

```
void main()
{
    double amount=33.0/9;
    int number=248;
    cout<<amount<<endl;
    cout<<setprecision(1)<<amount<<endl
        <<setprecision(2)<<amount<<endl
        <<setprecision(3)<<amount<<endl
        <<setprecision(4)<<amount<<endl;
    cout<<setiosflags(ios::fixed);
    cout<<setprecision(8)<<amount<<endl;
    cout<<"Dec: "<<dec<<number<<endl<<"Hex: "<<hex<<number<<endl  <<"Oct: "<<
    oct<<number<<endl;
}
```

程序输出结果如下：

3.66667
4
3.7
3.67
3.667
3.66666667
Dec: 248
Hex: f8
Oct: 370

2. 从键盘读入一行字符串,并把它依次存放在磁盘文件 d：\\a.txt 中,再把它从磁盘文件读入,并显示字符串内容。

分析：分两步,先保存,再读入。

程序设计如下：

```
#include <iostream.h>
#include <fstream.h>
#include <stdlib.h>
void save()
{
    ofstream fout("d:\\a.txt");
    if(!fout)
    {
        cerr<<"Open file error!"<<endl;
        exit(1);
    }
    char * str=new char[200];
    cout<<"请输入字符串："<<endl;
```

```cpp
        cin.getline(str,200);
        for(int i=0; str[i]; i++)
        {
            fout.put(str[i]);
        }
        fout.close();
        delete []str;
}
void read()
{
    ifstream fin("d: \\a.txt");
    if(!fin)
    {
        cerr<<"Open file error!"<<endl;
        exit(1);
    }
    char t[10];                          //假定每个字符串长度不大于 10
    cout<<"文件内容为: ";
    while(fin>>t)
    {
        cout<<t<<' ';
    }
    cout<<endl;
    fin.close();
}
int main()
{
    save();
    read();
    return 0;
}
```

【实验步骤】

1. 编辑源程序。
2. 对源程序进行编译并调试程序。
3. 连接并运行程序。
4. 检查输出结果是否正确。

【思考与练习】

1. 要打开 D 盘上的 a.dat 文件用于输入、输出操作,请写出定义文件流对象的语句。
2. 要使用 ostream 流定义一个流对象并联系一个字符串时,应在文件开始处使用 #include 中包含哪个文件?
3. 进行文件操作需要包含哪个头文件?

4. 编程将 D 盘上的文本文件 d：\from.txt 复制到 e：\to.txt 文件中去。

实验 14　利用 MFC 开发 Windows 应用程序

【实验目的】

1. 了解 Windows 应用程序的特点。
2. 体会 MFC 类库的作用。
3. 使用 Visual C++ 开发简单 Windows 程序。

【实验准备】

1. 了解 MFC 类库的基本概念。
2. 能简单使用 Visual C++ 进行可视化编程。

【实验内容】

利用 Visual C++ 6.0 设计一个计算器，完成简单的计算功能。

【实验步骤】

1. 启动 Visual C++ 6.0 后，打开 File 菜单下的 New 菜单项，选择 Project 项。然后选择 MFC AppWizard(exe)选项，在右边的对话框 Project name 中输入 dil，单击 OK 按钮（如图 1.10 所示）。

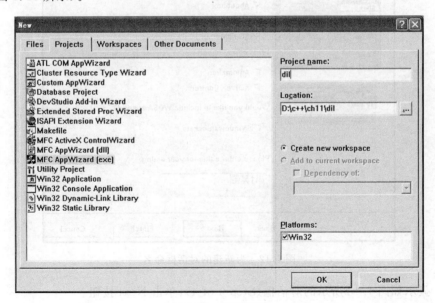

图 1.10　新建工程

2. 进入下一个对话框 MFC AppWizard－Step1,如图 1.11 所示，从中选择 Dialog based 项，然后单击 Finish 按钮，再单击 Next 按钮。

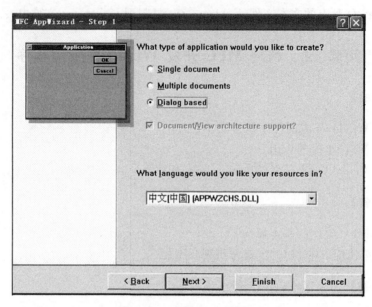

图 1.11　选择基于对话框

3. 进入 Step 2 of 4 步骤，在 Please enter a title for your dialog 文本框中键入该对话框的名称，本例名为"计算器"，单击 Next 按钮，如图 1.12 所示。

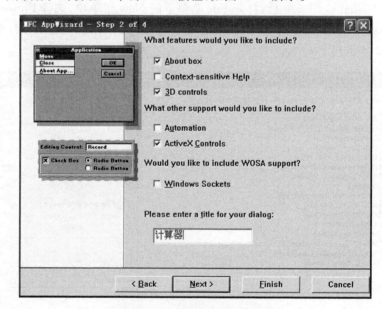

图 1.12　为新建的对话框命名

4. 显示如图 1.13 所示的对话框(Step 3 of 4)，单击 Next 按钮。
5. 画面如图 1.14 所示，单击 Finish 按钮。

第 1 部分　基础实验

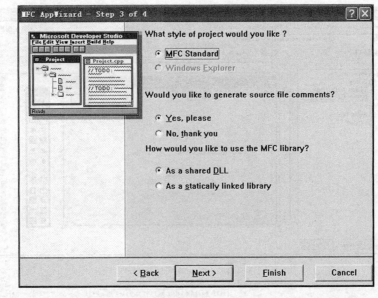

图 1.13　MFC App Wizard-Step 3 of 4

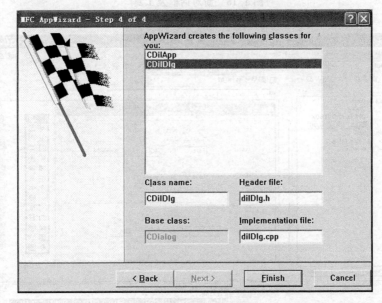

图 1.14　MFC App Wizard-Step 4 of 4

6. 在如图 1.15 所示的左边打开 Dialog,双击 IDD_DIL_DIALOG 项,被命名为"计算器"的对话框将显示出来。

7. 在图 1.15 中,从右侧的工具箱中选择"Aa",在新建对话框的空白处添加 4 个静态文本;选择"ab|"在对话框空白部分添加 3 个文本编辑框;在工具栏里选择"按钮"控件,在对话框空白部分添加 6 个按钮,并把静态文本、文本框和按钮摆放整齐,如图 1.16 所示。

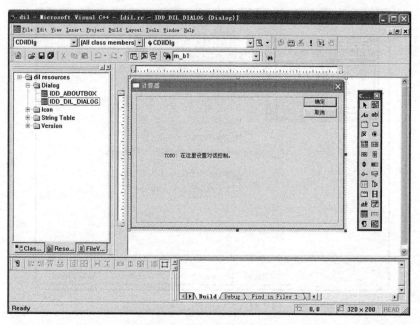

图 1.15　新对话框及工具

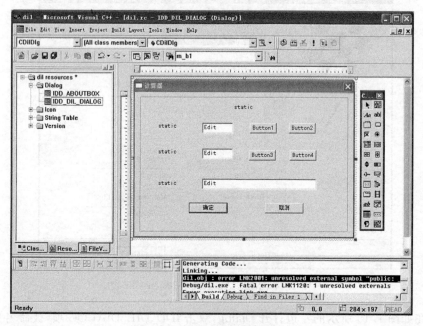

图 1.16　给新对话框添加控件

8. 在图 1.16 中把鼠标移动到 Button1 上单击右键,在弹出的下拉菜单中选择 Properties 选项,在图 1.17 的对话框中,把按钮 Caption 里的内容改为运算符"+",ID 改为 IDC_add,关闭该对话框。

第1部分 基础实验 59

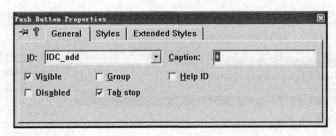

图 1.17 Button1 按钮属性设置

9. 按照步骤 8 的方法,修改其他按钮及静态文本的属性,修改完成后如图 1.18 所示。

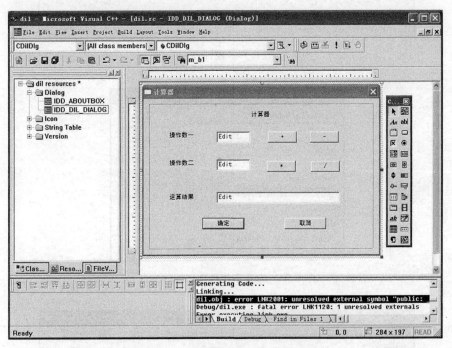

图 1.18 其他控件属性设置后效果

10. 在"计算器"的对话框空白处单击右键,选择 ClassWizard 选项,显示如图 1.19 所示的 MFC ClassWizard 对话框,选择 Member Variables 选项卡,在 Control Ids 中可以看到对话框界面上的按钮和文本框的 ID。选择 IDC_EDIT1,单击 Add Variable 项,为 IDC_EDIT1 添加变量。

11. 在图 1.20 所示的 Add Member Variable 对话框中,把 Member variable name 文本框中的内容改为 m_num1,在 Variable type 下拉菜单中选择 double 项,表示该文本框中可以写入一个 double 型数据。

12. 用同样的方法为 IDC_EDIT2 和 IDC_EDIT3 添加变量,完成后如图 1.21 所示。

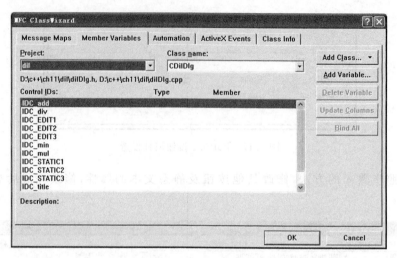

图 1.19　控件设置

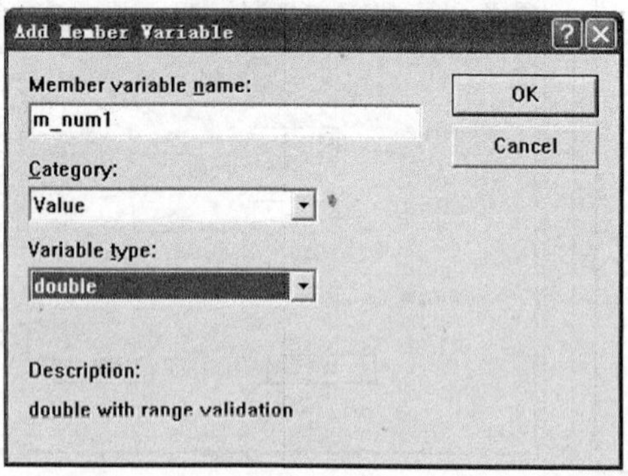

图 1.20　为文本控件添加控件变量

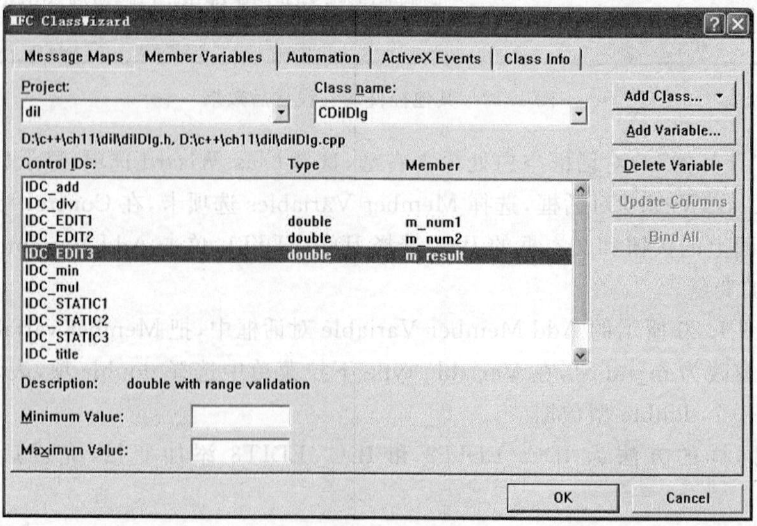

图 1.21　文本框设置结束

13. 单击 Message Maps 标签,双击 Member funtion 中 DoDataExchange 选项,用来建立数据交换,如图 1.22 所示,双击后弹出如图 1.23 所示画面,在图中可以看到 DoDataExchange 函数。

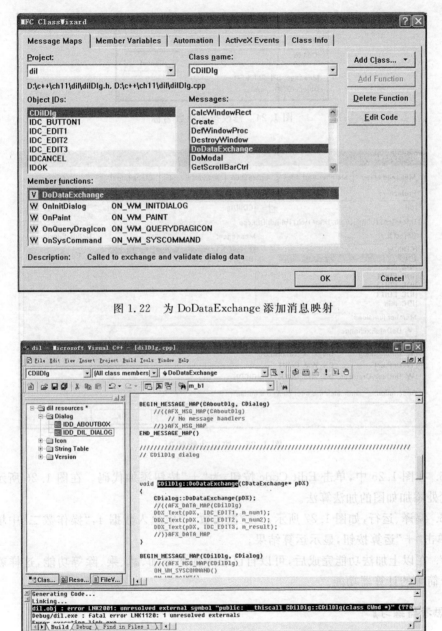

图 1.22 为 DoDataExchange 添加消息映射

图 1.23 显示 DoDataExchange 建立成功

14. 双击图 1.23 中左窗体内的 IDD_DIL_DIALOG 项回到对话框设计界面。现在要为 Add 按钮添加算法,在 Add 按钮上单击右键,选择 Class Wizard 项,在 Object Ids 列表中选择 IDC_add 项,在 Message 中选择 BN_CLICKED,再单击 Add Function 按钮,在弹出的如图 1.24 的 Add Member Function 对话框的 Member function name 中将名称改为 OnAdd,单击 OK 按钮,如图 1.24 所示。回到 Message Maps 画面,如图 1.25 所示。

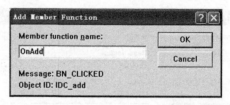

图 1.24　修改按钮函数名称

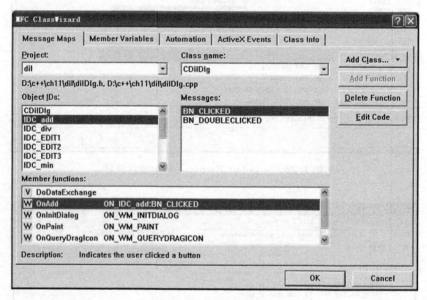

图 1.25　按钮功能映射

15. 在图 1.25 中,单击 Edit Code 按钮,为"+"按钮添加代码。在图 1.26 所示的光标位置处添加如图的加法算法。

16. 编译、运行,如图 1.27 所示。在"操作数一"中填入数据 4,"操作数二"中填入数据 8,单击"+"运算按钮,显示运算结果。

17. 在以上加法功能完成后,可以自己思考如何添加、减、乘、除等功能,这样就完成了一个简单的计算器功能。

【思考与练习】

1. 什么是类库？什么是 MFC 库？
2. AppWizard 在生成应用程序时,共派生了几个类？分别是哪几个类？
3. 控件消息与命令消息之间的区别是什么？
4. 调用哪个函数可以创建和撤消模式对话框？

第1部分 基础实验

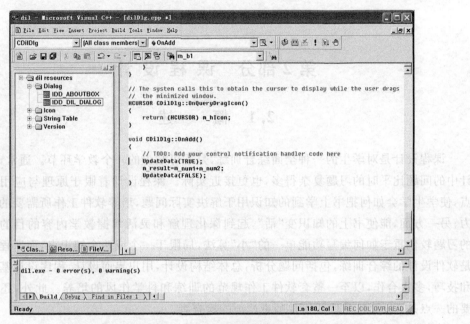

图 1.26 为 add 按钮添加算法

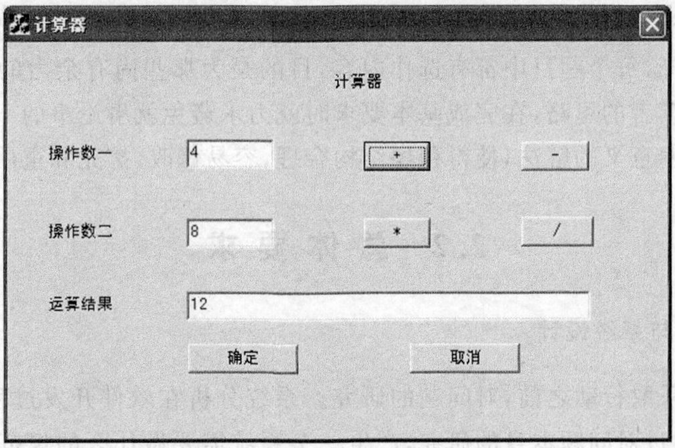

图 1.27 结果测试

第 2 部分 课 程 设 计

2.1 概　　述

　　课程设计是对学生的一种全面综合训练，是不可缺少的一个教学环节。通常，课程设计中的问题比平时的习题复杂得多，也更接近实际。课程设计着眼于原理与应用的结合点，使学生学会如何把书上学到的知识用于解决实际问题，培养软件工作所需要的动手能力；另一方面，能使书上的知识变"活"，起到深化理解和灵活掌握教学内容的目的。平时的习题较偏重于如何编写功能单一的"小"算法，局限于一个或两个知识点，而课程设计题是软件设计的综合训练，包括问题分析，总体结构设计，用户界面设计、程序设计基本技能和技巧，多人合作，以至一整套软件工作规范的训练和科学作风的培养。此外，还有很重要的一点是：计算机是比任何教师更严厉的检查者。

　　为达到上述目的，使学生更好地掌握面向对象程序设计的基本方法和 C++ 语言的应用，本教材给出了两个课程设计样例，一个是基于控制台的，一个是基于 MFC 的。每个样例都包含目标与要求、分析、实验步骤和测试与思考等内容。接着提供了 6 个课程设计题目供学生选择，每个题目中都有选作内容，目的是为那些尚有余力的读者设计的，同时也能开拓其他读者的思路，在完成基本要求时就力求避免就事论事的不良思想方法，尽可能寻求具有普遍意义的解法，使得程序结构合理，容易修改、扩充和重用。

2.2 总 体 要 求

1. 系统分析与系统设计

　　分析就是在采取行动之前，对问题的研究。系统分析在软件开发过程中是非常重要的，其任务就是通过对问题本身的研究，产生一个系统需要做什么的规范的、一致的和可行的需求说明。在此基础上，确定系统中所需考虑的类（对象）、类之间的关系、本系统中各个类所涉及的属性及针对这些属性的操作。类及类之间的关系可用类图来表示，对象之间的消息传递可用箭头表示，另外一些重要的操作应给出规格说明。

2. 详细设计与编码

　　对类中的属性和操作从实现的角度（如可扩充、在派生类中能否直接使用或只需少量修改、访问的效率和方便性等）进一步考察；对类中的操作（即方法）进一步求精：用 if、while、for 和赋值语句加上自然语言写出算法框架；同时考虑能否使用已有类库（包括直接使用或通过派生）以减少编程的工作量和提高程序的可靠性。

　　编码，即程序设计，是对详细设计结果的进一步求精。在充分理解和把握语言运行机制的基础上,编写出正确的、清晰的、易读易改和高效率的程序。另外,在标识符的命名、代码的长度(一个方法长度一般不超过 40 行,否则应划分为两个或多个方法)、程序书写的风格(如缩进格式、空格(空行)的应用和注释等)方面也应注意,遵循统一的规范。

3. 上机调试和测试

上机时要带着教材,若有开发环境的用户指南(手册)及类库(库函数)手册则更好。应仔细阅读程序编译和连接时的错误信息(通常是英文的),弄清其确切含义,提高调试效率。要学习并掌握开发环境所提供的调试工具。

经过调试,能够运行的程序并非就是一个正确的程序。实际上,在上机之前,就应根据系统的需求设计相应的测试数据集,特别是一些异常情况的处理(如用户输入数据未按指定格式、数据极大或极小时程序如何处理等一些极端的情况)。

4. 课程设计报告

课程设计报告的内容及要求如下。

1) 需求和规格说明

描述问题,简述题目要解决的问题是什么?使用软件说明。原题条件不足时应补全。

2) 设计(算法分析、具体实现)

(1) 设计思想:程序结构(如类图),重要的数据结构,主要算法思想(文字描述,不要画框图)。

(2) 设计表示:类名及其作用,类中数据成员名称及作用,类中成员函数原型及其功能,可以用表格形式表达。

(3) 实现注释:各项要求的实现程度、在完成基本要求的基础上还实现了什么功能?

(4) 详细设计表示:主要算法的框架及实现此算法的成员函数接口。

3) 用户手册

即使用说明(包括数据输入时的格式要求)。

4) 测试与思考

调试过程中遇到的主要问题是如何解决的;对设计和编码的回顾讨论和分析;程序运行的时空效率分析;测试数据集;运行实例;改进设想;经验和体会等。

5) 附录

源程序清单:打印文本和磁盘文件,磁盘文件是必须的。源程序要加注释,除原有注释外再用钢笔加一些必要的注释和断言。

测试数据:即列出测试数据集。

运行结果:上面测试数据输入后程序运行的结果。

注意:

(1) 以上要求为一般的要求,针对具体问题和具体的开发过程,某些方面可以做适当的增减。

(2) 各种文档资料要在程序开发过程中逐渐形成,而不是最后补写。

(3) 各种文档要以统一格式用 Word 及其他文字编辑软件排版后打印输出、装订成册。

2.3 课程设计样例

2.3.1 课程设计1：复数类的设计和复数的运算

【目标与要求】

1. 设计一个完整的复数类,能够完成复数的加、减、乘、除运算。
2. 为复数类添加两个双精度型的数据成员 real 和 imag,分别为复数的实部和虚部。
3. 设计默认的构造函数,带参数的构造函数,拷贝构造函数。
4. 为复数类添加一个参数的加(Add)、减(Sub)、乘(Mul)、除(Div)函数,完成两个复数的运算。
5. 重载加(+)、减(-)、乘(*)、除(/)运算符。
6. 重载赋值运算符=。
7. 添加友元函数完成两个参数的加、减、乘、除运算。
8. 添加复数输出函数 Print,完成复数的完整输出。
9. 在主函数中有输入复数的提示和进行何种运算的提示,并有运算结果的输出。

【分析】

1. 类的名称为 CComplex,头文件为 complex.h,实现文件为 complex.cpp。
2. 添加数据成员。

```
private:
    double real;
    double imag;
```

3. 添加三种类型的构造函数。
(1) 默认的构造函数 CComplex()。

```
CComplex::CComplex()
{
    real=0;
    imag=0;
}
```

(2) 带参数的构造函数 CComplex(double re,double im)。

```
CComplex::CComplex(double re, double im)
{
    real=re;
    imag=im;
}
```

(3) 拷贝构造函数 CComplex(CComplex & x)。

```
CComplex::CComplex(CComplex & x)
{
    real=x.real;
    imag=x.imag;
}
```

4. 添加 Add、Sub、Mul 和 Div 函数，完成两个复数的加减乘除运算，每种运算的函数依参数的个数不同有两种形式，一种为两个参数，分别为复数的实部和虚部，为双精度型的变量；另一种为一个参数，为 CComplex 类型的变量。

```
CComplex CComplex::Add(double re, double im)
{
    CComplex c;
    c.real=real+re;
    c.real=imag+im;
    return c;
}
CComplex CComplex::Add(CComplex & x)
{
    CComplex c;
    c.real=real+x.real;
    c.imag=imag+x.imag;
    return c;
}
CComplex CComplex::Sub(double re, double im)
{
    CComplex c;
    c.real=real-re;
    c.imag=imag-im;
    return c;
}
CComplex CComplex::Sub(CComplex & x)
{
    CComplex c;
    c.real=real-x.real;
    c.imag=imag-x.imag;
    return c;
}
CComplex CComplex::Mul(double re, double im)
{
CComplex c;
```

```cpp
    c.real=real*re-imag*im;
    c.imag=real*im+imag*re;
    return c;
}
CComplex CComplex::Mul(CComplex & x)
{
    CComplex c;
    c.real=real*x.real-imag*x.imag;
    c.imag=real*x.imag+imag*x.real;
    return c;
}
CComplex CComplex::Div(double re, double im)
{
    CComplex c;
    double root=re*re+im*im;
    if(root<1e-7) return CComplex(0,0);
    c.real=(real*re+imag*im)/root;
    c.imag=(imag*re-real*im)/root;
    return c;
}
CComplex CComplex::Div(CComplex & x)
{
    CComplex c;
    double root=c.real*c.real+c.imag*c.imag;
    if(root<1e-7) return CComplex(0,0);
    c.real=(real*x.real+imag*x.imag)/root;
    c.imag=(imag*x.real-real*x.imag)/root;
    return c;
}
```

5. 重载加减乘除运算符＋、－、＊、/。

```cpp
CComplex CComplex::operator + (const CComplex & x)
{
    CComplex c;
    c.real=real+x.real;
    c.imag=imag+x.imag;
    return c;
}
CComplex CComplex::operator - (const CComplex & x)
{
    CComplex c;
    c.real=real-x.real;
```

```
        c.imag=imag-x.imag;
        return c;
}
CComplex CComplex::operator * (const CComplex & x)
{
    CComplex c;
    c.real=real*x.real-imag*x.imag;
    c.imag=real*x.imag+imag*x.real;
    return c;
}
CComplex CComplex::operator /(const CComplex & x)
{
    CComplex c;
    double root=c.real*c.real+c.imag*c.imag;
    if(root<1e-7) return CComplex(0,0);
    c.real=(real*x.real+imag*x.imag)/root;
    c.imag=(imag*x.real-real*x.imag)/root;
    return c;
}
```

6. 添加赋值运算符＝，完成复数的赋值运算。

```
CComplex CComplex::operator = (const CComplex & c)
{
    real=c.real;
    imag=c.imag;
    return *this;
}
```

7. 添加复数输出函数 Print，完成复数的完整输出，并在文件的开头添加下面第一行代码。

```
#include<iostream.h>
void CComplex::Print()
{
    cout<<real<<"+"<<imag<<"i"<<endl;
}
```

8. 添加友元函数，重载加减乘除运算符，参数的个数为两个。

```
CComplex operator + (const CComplex & c1,const CComplex & c2)
{
    CComplex c;
```

```cpp
        c.real=c1.real+c2.real;
        c.imag=c1.real+c2.imag;
        return c;
}
CComplex operator - (const CComplex & c1,const CComplex & c2)
{
        CComplex c;
        c.real=c1.real-c2.real;
        c.imag=c1.real-c2.imag;
        return c;
}
CComplex operator * (const CComplex & c1,const CComplex & c2)
{
        CComplex c;
        c.real=c1.real*c2.real-c1.imag*c2.imag;
        c.imag=c1.real*c2.imag+c1.imag*c2.real;
        return c;
}
CComplex operator /(const CComplex & c1,const CComplex & c2)
{
        CComplex c;
        double root=c2.real*c2.real+c2.imag*c2.imag;
        if(root<1e-7) return CComplex(0,0);
        c.real=(c1.real*c2.real+c1.imag*c2.imag)/root;
        c.imag=(c1.imag*c2.real-c1.real*c2.imag)/root;
        return c;
}
```

9. 添加复数求模函数 Root,并在文件的开头添加下面一行代码。

```cpp
#include <math.h>
double CComplex::Root()
{
        return sqrt(real*real+imag*imag);
}
```

【实验步骤】

1. 创建 Fushu 工程。打开 VC++6.0 开发环境,单击 File 菜单下的子菜单项 New,就会进入 New 对话框,如图 2.1 所示。

在对话框的"Projects"标签下选择"Win32 Console Application",然后在 Project name 下的文本框中输入 Fushu,单击 OK 按钮,出现项目选择对话框,如图 2.2 所示,在该对话框中选择 A simple application 项,单击 Finish 按钮,就完成了项目的生成。

第 2 部分　课程设计

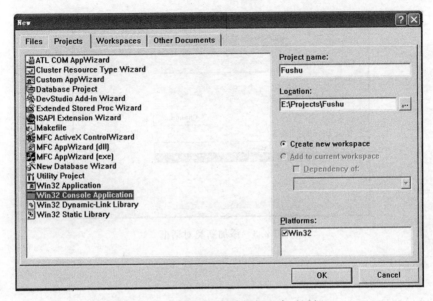

图 2.1　AppWizard 创建框架程序对话框

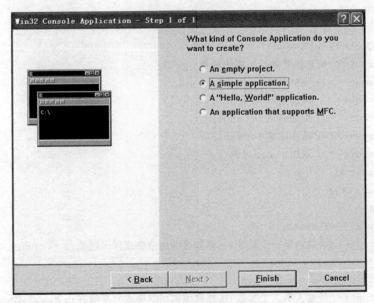

图 2.2　项目选择对话框

2. 添加复数类 CComplex。单击 Insert 下 New Class…菜单，出现图 2.3 所示的对话框。在该对话框的 Class Information 的 Name 文本框输入 CComplex 后，单击 OK 按钮，就完成了新类的创建。

3. 为复数类 CComplex 添加函数。添加的函数名称如上面所述，这里不再赘述。

4. 修改 main 函数，测试 CComplex 类。在 main 函数中添加如下代码：

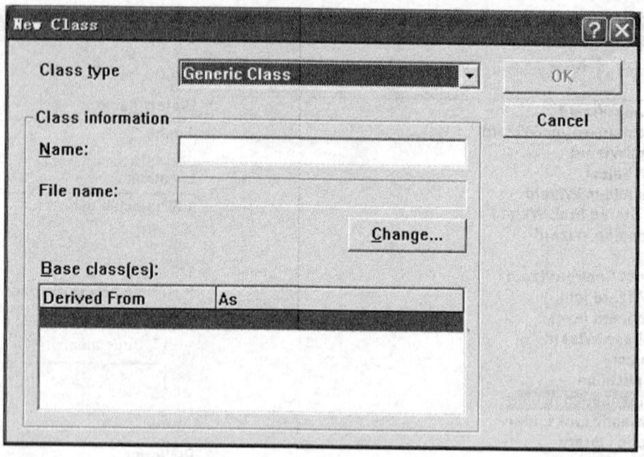

图 2.3　添加新类对话框

```cpp
int main()
{
    while(1)
    {
        CComplex c,c1,c2;
        double real,imag;
        cout<<endl<<endl;
        cout<<"请选择要进行运算的种类："<<endl;
        cout<<"1：加法运算"<<endl;
        cout<<"2：减法运算"<<endl;
        cout<<"3：乘法运算"<<endl;
        cout<<"4：除法运算"<<endl;
        cout<<"0：退出 "<<endl;
        char a;
        cin>>a;
        a-=48;
        if(a==0) break;
        cout<<"请输入第一个复数(实部和虚部用空格或回车隔开)："<<endl;
        cin>>real>>imag;
        c1=CComplex(real,imag);
        cout<<"请输入第二个复数(实部和虚部用空格或回车隔开)："<<endl;
        cin>>real>>imag;
        c2=CComplex(real,imag);
        switch(a)
        {
            case 1:
                c=c1+c2;
                cout<<"这两个复数的和是："<<endl;
                c.Print();
                break;
```

```
            case 2:
                c=c1-c2;
                cout<<"这两个复数的差是: "<<endl;
                c.Print();
                break;
            case 3:
                c=c1*c2;
                cout<<"这两个复数的积是: "<<endl;
                c.Print();
                break;
            case 4:
                c=c1/c2;
                cout<<"这两个复数的商是: "<<endl;
                c.Print();
                break;
            default:
                break;
        }
    }
    return 0;
}
```

【测试与思考】

1. 程序运行界面如图 2.4 所示。

图 2.4 程序运行界面

2. 在键盘按下 0～4 的数字进行测试。

2.3.2 课程设计2：用鼠标绘制曲线

【目标与要求】

1. 本项目主要实现用鼠标绘制曲线。

2. 曲线的线型、曲线的宽度(象素数)和颜色可以通过对话框进行选择，颜色可以通过颜色对话框选择，也可以在编辑框内直接输入。默认情况下，线型为实线，宽度为1个象素，颜色为黑色。

3. 按下鼠标左键不放并拖动鼠标绘制曲线，松开鼠标停止绘制；再次按下鼠标左键绘制第二条曲线，依此类推。

4. 曲线可以以文件的形式保存在磁盘里，也可以打开保存过的曲线文件并显示，保存或打开的文件名以 drl 为扩展名。

【分析】

1. 数据结构的设计：一个视图可以显示若干条曲线，这若干条曲线组成曲线网络；而每条曲线又由若干个节点组成，每条曲线除了若干个节点之外，它还有线型、宽度和颜色等属性。所以，曲线网络的数据结构的定义如图 2.5 所示(其他的曲线的结构同曲线1)。

这里利用集合类 CArray 和 CTypedPtrList 分别存放节点集合和曲线集合，原因如下：

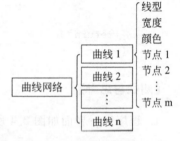

图 2.5 曲线网络的数据结构

(1) 组成曲线的点的数目和组成曲线网络中曲线的数目事先无法确定，利用集合类来存放，可以动态改变集合的大小。

(2) 我们需要把曲线网络的信息写到磁盘文件中，或需要从磁盘文件中读取曲线文件，集合类是个很好的选择，因为他们都是派生于 CObject 类，具有 Serialize 的特性。

(3) 同时集合类又是模板类，所以在使用时需要指定具体的成员类型。在使用 CArray 类时，指定其成员类型为 CPoint 类。在使用 CTypedPtrList 类时，指定其基类为 CObList，成员类型为 CCurve *，其中 CCurve 将在下面详细说明。

2. 曲线类的定义。

(1) 类名称 CCurve，头文件 Curve.h，实现文件 Curve.cpp。

(2) 基类 CObject，即类 CCurve 必须派生自 CObject，使 CCurve 具有 Serialize 特征，为此类的声明文件(头文件)中必须有 DECLARE_SERIAL 宏，类的执行函数里必须有 IMPLEMENT_SERIAL 宏。

(3) 设置构造函数，首先必须定义一个默认的构造函数，即无参数的构造函数 CCurve()，为什么？因为若一个类来自文件，MFC 必须先动态生成它的对象，而且在没有任何参数的情况下调用其构造函数，然后才从文档中读出对象信息。另外，根据需要，可以添加其他形式的构造函数。在这里,除了默认的构造函数外,也添加了一个新的构造函数,其形式为 CCurve(int nStyle, int nWidth, COLORREF crColor),其中第一个参数为曲线的线型,曲线的线型主要有实线、短划线、点线、点划线和点点划线等,第二个参数为曲线的宽度,第三个参数为曲线的颜色,即通过这个构造函数设置曲线的线型、宽度和颜色。

(4) 曲线文件的保存和打开。在这里需要改写虚拟函数 Serialize,把一条曲线的信息写入文件中或从文件中读取一个曲线的信息并显示。写入或读取的曲线信息主要有线型、宽度、颜色和节点序列,这四种信息的写入和读取的顺序要相同。由于节点序列是存放在 CArray 类型的数组中,而该类型的数组本身具有序列化的特点,所以在写入或读取节点序列时,再调用 CArray 的 Serialize 函数,完成一次性的写入或读取节点序列。

(5) 曲线的绘制。曲线的绘制分三步进行,第一步,根据曲线属性定义画笔,画笔的属性主要有:线型、宽度和颜色,这些属性都可以通过对话框由用户选择;第二步把定义好的画笔选入设备环境中;第三步即可用定义好的画笔在具体的设备环境中画线。

(6) 添加新的节点函数 AddNewPoint。鼠标每移动一下,都要调用该函数,把当前鼠标位置坐标添加到曲线类 CCurve 的节点序列中。

3. 文档类。

(1) 曲线网络的定义 m_curveList,采用模板链表类 CTypedPtrList,该类的基类为 CObList,即链表中的成员为 CObject 类对象,类型为 CCurve *,为指向 CCurve 类的指针。

(2) 曲线文件的读写 Serialize,分三步进行。

① 由于 CTypedPtrList 派生自 CObject,所以该类对象也具有序列化的特征,所以曲线文件的读写即完成该类对象的序列化操作就行了,即在文档类的 Serialize 函数直接调用 CTypedPtrList 类的 Serialize 函数。

② 由于 CTypedPtrList 类的成员是 CCurve 类,所以需要继续调用该类的 Serialize 函数,来完成各条曲线的序列化操作,即依次完成每条曲线的属性(包括线型、宽度和颜色)和节点序列的写入或读取。

③ 由于每条曲线的节点序列存放在 CArray 数组中,于是接着调用 CArray 类的 Serialize 函数完成节点序列的序列化操作。

(3) 创建一条新的曲线函数 NewCurve。该函数实现创建一条新的曲线,并添加到曲线网络中,在这里利用 new 运算符创建一个 CCurve 类对象,即调用该类的带参数构造函数,对象创建完毕,添加到曲线网络链表中。

(4) 删除文档函数 DeleteContents。在打开新的文档,创建新的文档和程序结束时都要调用该函数,删除文档的内容,以释放被占用的内存。

4. 视图类。

(1) 曲线的绘制,在视图类的 OnDraw 函数中完成。用一个循环遍历曲线网络中的每条曲线,并绘制该曲线。在绘制曲线时实际调用了曲线类的曲线绘制函数 DrawCurve。

(2) 响应鼠标消息,拖动鼠标在视图中画线,保存鼠标的位置坐标。一条曲线是由若干条直线段构成的,每次鼠标移动之前的位置作为直线段的起点,移动之后的位置作为直线段的终点,连接这两个点就画出了一条直线段,所有的直线段连接起来就形成了曲线。在这里主要响应了鼠标的 WM_LBUTTONDOWN,WM_MOUSEMOVE 和 WM_LBUTTONUP 三条消息,分别执行了 OnLButtonDown、OnMouseMove 和 OnLButtonUp 三个函数,在这三个函数中完成的工作叙述如表 2.1 所示。

表 2.1 消息响应函数

函数名称	工 作
OnLButtonDown	首先调用文档类的成员函数 NewCurve 创建一条新的曲线;把当前鼠标的位置添加到曲线的节点序列中,并保存在一个临时变量中,以便在鼠标移动画曲线时作曲线的起点;设置输入焦点
OnMouseMove	画当前的直线段;把当前鼠标的位置添加到曲线的节点序列数组中,并保存在一个临时变量中,以便在鼠标移动画曲线时作下一条直线段的起点
OnLButtonUp	把当前鼠标的位置添加到曲线的节点序列数组中,结束画线,释放焦点

(3) 通过对话框设置曲线的属性,即设置曲线的线型、宽度和颜色。对话框如图 2.6 所示。

【实现步骤】

1. 创建 DrawLine 工程。打开 VC++6.0 开发环境,单击 File 菜单下的子菜单项 New,进入 New 对话框,如图 2.7 所示。

图 2.6 曲线属性设置对话框

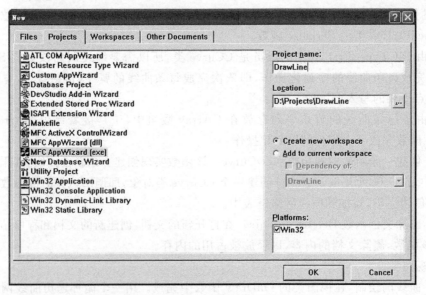

图 2.7 AppWizard 创建框架程序对话框

在对话框的 Projects 标签下选择 MFC AppWizard[exe]项,然后在 Project name 下的文本框中输入 DrawLine,然后单击 OK 按钮,出现项目选择对话框,如图 2.8 所示。在该对话框中选择 Single Document 项，单击 Next 按钮，第 2 步和第 3 步都按照默认的选择进行，到第 4 步时显示的对话框如图 2.9 所示。Printing and print preview 选项不选中，此时单击 Advanced 按钮后，显示的对话框如图 2.10 所示。

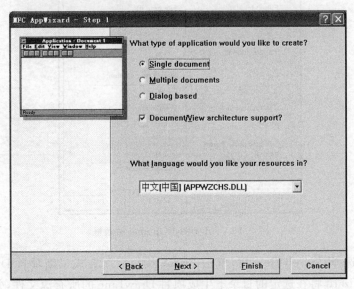

图 2.8　MFC AppWizard-Step 1 对话框

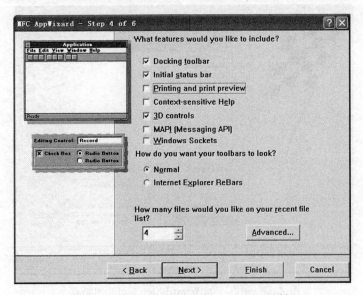

图 2.9　MFC AppWizard-Step 4 of 6 对话框

在图 2.10 所示的对话框中的 File extension 的文本框中输入 drl，表示该工程打开和保存的文件的扩展名为 drl。单击 Close 按钮关闭该对话框，返回到图 2.9 所示的对话框，单击该对话框的 Next 按钮后，进入第 5 步，显示第 5 步的对话框，在该对话框中单击 Next 按钮后，进入第 6 步，显示的对话框如图 2.11 所示。在该对话框中的 Base class 的

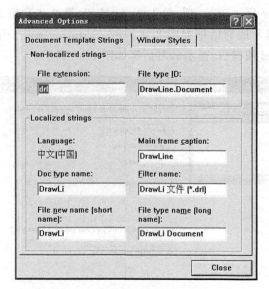

图 2.10 Advanced Options 对话框

下拉列表框中选择 CScrollView 后,单击 Finish 按钮后就完成了新项目 DrawLine 的创建过程,AppWizard 将在选定的目录下生成项目 DrawLine 的所有源文件,并在当前开发平台上打开这个项目 DrawLine。

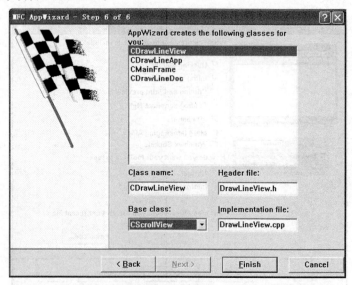

图 2.11 MFC AppWizard-Step 6 of 6 对话框

2. 创建 CCurve 类,手动添加该类的定义和实现。打开 DrawLineDoc.h 文件,在文件的开头输入如下代码:

```
class CCurve : public CObject
{
```

```
public:
//以下定义该类的成员函数
    CCurve();                                    //默认的构造函数
    CCurve(int nStyle,int nWidth,COLORREF crColor);   //带参数的构造函数
    void DrawCurve(CDC * pDC);                   //绘制曲线函数
    void AddNewPoint(CPoint point);              //添加新的节点
    //序列化函数,用于把曲线的信息写入文件中,或从文件中读取曲线信息
    virtual void Serialize(CArchive & ar);

protected:
    DECLARE_SERIAL(CCurve)

private:
//以下定义该类的成员变量
    int m_nStyle;                                //线型
    int m_nWidth;                                //宽度
    COLORREF m_crColor;                          //颜色
    CArray<CPoint,CPoint>m_ptArray;              //节点序列
};
```

这一段代码就是 CCurve 类的声明部分,每个 CCurve 类代表一条曲线。

打开 DrawLineDoc.cpp 文件,在该文件的开头部分添加如下代码:

```
IMPLEMENT_SERIAL(CCurve,CObject,2)
CCurve::CCurve()
{
}

CCurve::CCurve(int nStyle,int nWidth,COLORREF crColor)
{
    m_nStyle=nStyle;
    m_nWidth=nWidth;
    m_crColor=crColor;
}

void CCurve::Serialize(CArchive & ar)
{
    if(ar.IsStoring()){    //把曲线信息写入文件中,依次写入曲线的线型、宽度和颜色信息
        ar<<m_nStyle;
        ar<<m_nWidth;
        ar<<m_crColor;
    }else{                 //从文件中依次读取曲线的线型、宽度和颜色信息
        ar>>m_nStyle;
```

```cpp
        ar>>m_nWidth;
        ar>>m_crColor;
    }
//曲线属性信息序列化操作完毕,再进行曲线节点数组的序列化操作
    m_ptArray.Serialize(ar);
}

void CCurve::DrawCurve(CDC * pDC)
{
    CPen pen, * pOldPen;
    pen.CreatePen(m_nStyle,m_nWidth,m_crColor);   //创建画笔
    pOldPen=pDC->SelectObject(&pen);              //创建后新的画笔选入设备环
境中,
                                                  //保存原来的画笔
//以该画笔画曲线
    pDC->MoveTo(m_ptArray[0]);
    for(int i=1; i<m_ptArray.GetSize(); i++){
        CPoint point=m_ptArray[i];
        pDC->LineTo(m_ptArray[i]);
    }
//画图结束,把原来的画笔选入设备环境中,以恢复原始的绘图环境
    pDC->SelectObject(pOldPen);
//删除新创建的画笔,释放内存空间
    pen.DeleteObject();
}

void CCurve::AddNewPoint(CPoint point)
{
    m_ptArray.Add(point);                         //把新的点添加到节点数组中
}
```

这一段代码就是 CCurve 类的实现代码。

3. 修改 CDrawLineDoc 类,在该类的头文件 CDrawLineDoc.h 和实现文件 DrawLineDoc.cpp 中,添加如下内容(其中阴影的部分就是添加的内容)。

```cpp
class CDrawLineDoc : public CDocument
{
protected:                             //create from serialization only
    CDrawLineDoc();
    DECLARE_DYNCREATE(CDrawLineDoc)

//Attributes
public:
//定义曲线网络,实际就是模板链表类,基类为 CObList,类型为 CCurve *,为指向 CCurve
```

```
//类的指针
CTypedPtrList<CObList,CCurve *>m_curveList;

    //Overrides
    //ClassWizard generated virtual function overrides
    //{{AFX_VIRTUAL(CDrawLineDoc)
    public:
    virtual void Serialize(CArchive & ar);
    virtual void DeleteContents();
    //}}AFX_VIRTUAL

//Implementation
public:
    CCurve * NewCurve(int nStyle=0,int nWidth=1,COLORREF crColor=0);
    virtual ~CDrawLineDoc();
#ifdef _DEBUG
    virtual void AssertValid() const;
    virtual void Dump(CDumpContext& dc) const;
#endif

//Generated message map functions
protected:
    //{{AFX_MSG(CDrawLineDoc)
      //NOTE - the ClassWizard will add and remove member functions here.
      //DO NOT EDIT what you see in these blocks of generated code !
    //}}AFX_MSG
    DECLARE_MESSAGE_MAP()
};
```

以上的代码就是 CDrawLineDoc 类的头文件内容。

```
// CDrawLineDoc
IMPLEMENT_DYNCREATE(CDrawLineDoc, CDocument)

BEGIN_MESSAGE_MAP(CDrawLineDoc, CDocument)
    //{{AFX_MSG_MAP(CDrawLineDoc)
      //NOTE - the ClassWizard will add and remove mapping macros here.
      //DO NOT EDIT what you see in these blocks of generated code!
    //}}AFX_MSG_MAP
END_MESSAGE_MAP()

//CDrawLineDoc construction/destruction

CDrawLineDoc::CDrawLineDoc()
```

```cpp
    {
    }

    CDrawLineDoc::~CDrawLineDoc()
    {
    }


    //CDrawLineDoc serialization

    void CDrawLineDoc::Serialize(CArchive& ar)
    {
        //该函数实现曲线文件的读写,实际就是调用曲线网络链表类的 Serialize 函数
        m_curveList.Serialize(ar);
    }
//CDrawLineDoc diagnostics
#ifdef _DEBUG
void CDrawLineDoc::AssertValid() const
{
    CDocument::AssertValid();
}

void CDrawLineDoc::Dump(CDumpContext& dc) const
{
    CDocument::Dump(dc);
}
#endif                                              //_DEBUG

//CDrawLineDoc commands

CCurve * CDrawLineDoc::NewCurve(int nStyle,int nWidth,COLORREF crColor)
{
    CCurve * pNewCurve=new CCurve(nStyle,nWidth,crColor);
    m_curveList.AddTail(pNewCurve);
    SetModifiedFlag();
    return pNewCurve;
}

void CDrawLineDoc::DeleteContents()
{
    while(!m_curveList.IsEmpty()){
        delete m_curveList.RemoveHead();
    }
    CDocument::DeleteContents();
}
```

4. 修改 CDrawLineView 类,在该类的头文件 CDrawLineView.h 和实现文件 DrawLineView.cpp 中,添加如下内容(其中阴影的部分就是添加的内容):

```cpp
class CDrawLineView : public CScrollView
{
protected:                              //create from serialization only
    CDrawLineView();
    DECLARE_DYNCREATE(CDrawLineView)

//Attributes
public:
    CDrawLineDoc* GetDocument();

//Operations
public:

//Overrides
    //ClassWizard generated virtual function overrides
    //{{AFX_VIRTUAL(CDrawLineView)
    public:
    virtual void OnDraw(CDC* pDC);      //overridden to draw this view
    protected:
    virtual void OnInitialUpdate();     //called first time after construct
    //}}AFX_VIRTUAL

//Implementation
public:
    virtual ~CDrawLineView();
#ifdef _DEBUG
    virtual void AssertValid() const;
    virtual void Dump(CDumpContext& dc) const;
#endif

protected:

//Generated message map functions
protected:
    //{{AFX_MSG(CDrawLineView)
    afx_msg void OnLButtonDown(UINT nFlags, CPoint point);
    afx_msg void OnLButtonUp(UINT nFlags, CPoint point);
    afx_msg void OnMouseMove(UINT nFlags, CPoint point);
    afx_msg void OnSelectLineStyle();

    //}}AFX_MSG
```

```
    DECLARE_MESSAGE_MAP()
private:
    CCurve * m_pCurveCurrent;
    CPoint m_ptPrev;

    int nStyle;
    int nWidth;
    COLORREF crColor;

    CPen pen, * pOldPen;
};
```

以上就是 CDrawLineView 类的头文件内容。

```
#include "stdafx.h"
#include "DrawLine.h"

#include "DrawLineDoc.h"
#include "DrawLineView.h"
#include "LineStyleDlg.h"


#ifdef _DEBUG
#define new DEBUG_NEW
#undef THIS_FILE
static char THIS_FILE[]=__FILE__;
#endif


//CDrawLineView


IMPLEMENT_DYNCREATE(CDrawLineView, CScrollView)

BEGIN_MESSAGE_MAP(CDrawLineView, CScrollView)
    //{{AFX_MSG_MAP(CDrawLineView)
    ON_WM_LBUTTONDOWN()
    ON_WM_LBUTTONUP()
    ON_WM_MOUSEMOVE()
    ON_COMMAND(IDM_SELECT_LINE_STYLE, OnSelectLineStyle)
    //}}AFX_MSG_MAP
    // Standard printing commands
    ON_COMMAND(ID_FILE_PRINT, CScrollView::OnFilePrint)
    ON_COMMAND(ID_FILE_PRINT_DIRECT, CScrollView::OnFilePrint)
    ON_COMMAND(ID_FILE_PRINT_PREVIEW, CScrollView::OnFilePrintPreview)
END_MESSAGE_MAP()
```

```cpp
//CDrawLineView construction/destruction

CDrawLineView::CDrawLineView()
{
nStyle=0;
nWidth=1;
crColor=0;
pen.CreatePen(nStyle,nWidth,crColor);
pOldPen=NULL;
}

CDrawLineView::~CDrawLineView()
{
pen.DeleteObject();
}

//CDrawLineView drawing

void CDrawLineView::OnDraw(CDC * pDC)
{
    CDrawLineDoc * pDoc=GetDocument();
    ASSERT_VALID(pDoc);
//在视图中显示曲线网络
    CTypedPtrList<CObList,CCurve * >& curveList=pDoc->m_curveList;
    POSITION pos=curveList.GetHeadPosition();
    while(pos){//遍历曲线网络中的各条曲线,分别完成绘制
        CCurve * pCurve=curveList.GetNext(pos);
        pCurve->DrawCurve(pDC);
    }
}

void CDrawLineView::OnInitialUpdate()
{
    CScrollView::OnInitialUpdate();

    SetScrollSizes(MM_TEXT, CSize(100,100));
}

//CDrawLineView diagnostics

#ifdef _DEBUG
void CDrawLineView::AssertValid() const
```

```cpp
{
    CScrollView::AssertValid();
}

void CDrawLineView::Dump(CDumpContext& dc) const
{
    CScrollView::Dump(dc);
}

CDrawLineDoc* CDrawLineView::GetDocument()   //non-debug version is inline
{
    ASSERT(m_pDocument->IsKindOf(RUNTIME_CLASS(CDrawLineDoc)));
    return (CDrawLineDoc*)m_pDocument;
}
#endif                                    //_DEBUG

//CDrawLineView message handlers

void CDrawLineView::OnLButtonDown(UINT nFlags, CPoint point)
{
    m_pCurveCurrent=GetDocument()->NewCurve(nStyle,nWidth,crColor);
    m_pCurveCurrent->AddNewPoint(point);

    SetCapture();
    m_ptPrev=point;
}

void CDrawLineView::OnMouseMove(UINT nFlags, CPoint point)
{
    if(GetCapture()!=this) return;

    CClientDC dc(this);

    pOldPen=dc.SelectObject(&pen);
    dc.MoveTo(m_ptPrev);
    dc.LineTo(point);
    dc.SelectObject(pOldPen);

    m_pCurveCurrent->AddNewPoint(point);
    m_ptPrev=point;
}

void CDrawLineView::OnLButtonUp(UINT nFlags, CPoint point)
{
    if(GetCapture()!=this) return;

    CClientDC dc(this);
```

```
    pOldPen=dc.SelectObject(&pen);
    dc.MoveTo(m_ptPrev);
    dc.LineTo(point);
    dc.SelectObject(pOldPen);

    m_pCurveCurrent->AddNewPoint(point);

    ReleaseCapture();
}
```

5. 为图 2.6 的对话框设置对话框类。

(1) 在资源编辑器里,新建一个对话框,按图 2.6 的布局添加控件,为各控件和对话框资源配置 ID 并保存,各控件和对话框资源的 ID 如下表所示。

资 源 名 称	ID
曲线线型下拉列表	IDC_STYLE(Style 里设置为 Drop List)
线条宽度编辑框	IDC_WIDTH
线条颜色编辑框	IDC_COLOR
从颜色对话框选取颜色按钮	IDC_SELECT_FROM_DIALOG
确定按钮	IDOK
取消按钮	IDCANCEL
对话框资源	IDD_LINE_DIALOG

(2) 确保新的对话框资源在对话框编辑器中处于打开状态,打开 ClassWizard 窗口。打开 ClassWizard 的方式有如下 3 种:

① 选择窗口菜单 View | ClassWizard;
② 选择快捷菜单项 ClassWizard;
③ 按快捷键 Ctrl+W。

(3) 在弹出的 Adding a Class 对话框中,如图 2.12 所示,选择 Create a new class 单选按钮,单击 OK 按钮。

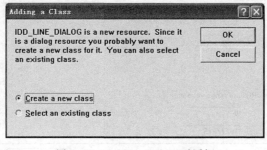

图 2.12　Adding a class 对话框

(4) 在随后弹出的 New Class 对话框中,如图 2.13 所示,只需填写类的名称

CLineStyleDlg,单击 OK 按钮,关闭 ClassWizard,对话框类的创建就完成了。在 Workspace 窗口的 ClassView 面板中,可以看到增加了一个新的类 CLineStyleDlg,选择 FileView 面板,在 Header Files 和 Source Files 文件夹中,可以看到该类的头文件 LineStyleDlg.h 和实现文件 LineStyleDlg.cpp,文件名是类名称除去开头的类标志"C"。

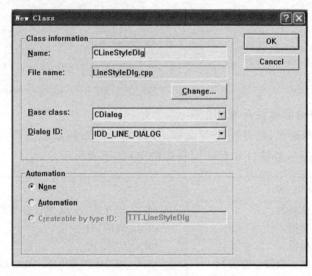

图 2.13　填写新类名称对话框

（5）添加对话框成员变量,创建一个对话框后,可以通过增加类的成员变量来操作对话框上的控件,打开 ClassWizard 对话框,选择 Member Variables 标签页,在 Class name 下拉列表框中选择 CLineStyleDlg 类,如图 2.14 所示为控件添加变量,由于 m_crColor 变量代表的是颜色值,所以在设定该变量时,要为其设置最大值 16777215(即 RGB(255,

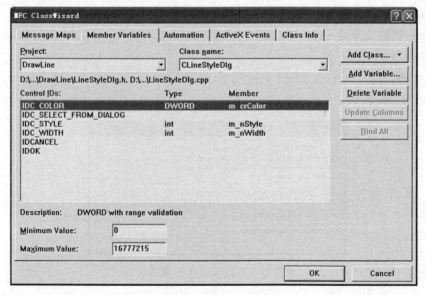

图 2.14　为控件添加变量

255,255),代表白色)和最小值 0(RGB(0,0,0),代表黑色)。单击 OK 按钮关闭 ClassWizard 对话框,这样就完成了为对话框的控件添加变量的工作。

(6) 为 CLineStyleDlg 对话框"从颜色对话框选择颜色"按钮添加消息处理函数。打开 ClassWizard 对话框,选择 Message Maps 标签页,在 Class name 下拉列表框中选择 CLineStyleDlg 类,在 Object IDs 列表框中选择 IDC_SELECT_FROM_DIALOG,在 Messages 列表框选择 BN_CLICKED,然后单击 Add Function 按钮,弹出如图 2.15 所示的 Add Member Function 对话框,在该对话框的编辑框中输入 OnSelectFromDialog,单击 OK 按钮就完成了为"从颜色对话框选择颜色"按钮添加消息处理函数的工作。该函数的主要作用如下。

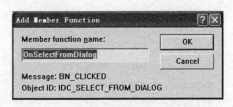

图 2.15 添加消息处理函数对话框

① 弹出颜色对话框。
② 从颜色对话框中选取颜色后,关闭并返回颜色值。
③ 在 CLineStyleDlg 对话框的线条颜色编辑框中显示颜色值。

(7) 对话框类的头文件和实现文件的代码如下,其中阴影部分为"从颜色对话框选择颜色"按钮的消息处理函数代码,该段代码是手工添加的,其余的代码都是由 ClassWizard 自动生成的。

LineStyleDlg.h 代码如下。

```
class CLineStyleDlg : public CDialog
{
// Construction
public:
    CLineStyleDlg(CWnd* pParent=NULL);   // standard constructor

// Dialog Data
    //{{AFX_DATA(CLineStyleDlg)
    enum { IDD=IDD_LINE_DIALOG };
    DWORD       m_crColor;
    int         m_nWidth;
    int         m_nStyle;
    //}}AFX_DATA


// Overrides
    // ClassWizard generated virtual function overrides
    //{{AFX_VIRTUAL(CLineStyleDlg)
    protected:
    virtual void DoDataExchange(CDataExchange* pDX);    // DDX/DDV support
    //}}AFX_VIRTUAL
```

```
    // Implementation
    protected:

        // Generated message map functions
        //{{AFX_MSG(CLineStyleDlg)
        afx_msg void OnSelectFromDialog();
        //}}AFX_MSG
        DECLARE_MESSAGE_MAP()
};
LineStyleDlg.cpp 代码:
#include "stdafx.h"
#include "DrawLine.h"
#include "LineStyleDlg.h"

#ifdef _DEBUG
#define new DEBUG_NEW
#undef THIS_FILE
static char THIS_FILE[]=__FILE__;
#endif

// CLineStyleDlg dialog
CLineStyleDlg::CLineStyleDlg(CWnd* pParent /*=NULL*/)
    : CDialog(CLineStyleDlg::IDD, pParent)
{
    //{{AFX_DATA_INIT(CLineStyleDlg)
    m_crColor=0;
    m_nWidth=1;
    m_nStyle=0;
    //}}AFX_DATA_INIT
}

void CLineStyleDlg::DoDataExchange(CDataExchange* pDX)
{
    CDialog::DoDataExchange(pDX);
    //{{AFX_DATA_MAP(CLineStyleDlg)
    DDX_Text(pDX, IDC_COLOR, m_crColor);
    DDV_MinMaxUInt(pDX, m_crColor, 0, 16777215);
    DDX_Text(pDX, IDC_WIDTH, m_nWidth);
    DDV_MinMaxInt(pDX, m_nWidth, 1, 20);
    DDX_CBIndex(pDX, IDC_STYLE, m_nStyle);
    //}}AFX_DATA_MAP
}

BEGIN_MESSAGE_MAP(CLineStyleDlg, CDialog)
```

```
    //{{AFX_MSG_MAP(CLineStyleDlg)
    ON_BN_CLICKED(IDC_SELECT_FROM_DIALOG, OnSelectFromDialog)
    //}}AFX_MSG_MAP
END_MESSAGE_MAP()

// CLineStyleDlg message handlers

void CLineStyleDlg::OnSelectFromDialog()
{
    CColorDialog dlg;
    if(dlg.DoModal()==IDOK) m_crColor=dlg.GetColor();
    SetDlgItemInt(IDC_COLOR,m_crColor,FALSE);
}
```

（8）添加菜单，选择 Workspace 的 ResourceView 面板，修改菜单项 IDR_MAINFRAME，删除不必要的菜单，并添加"设置"菜单，ID 值设为 IDM_SELECT_LINE_STYLE，如图 2.16 所示。

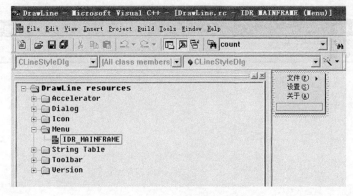

图 2.16 修改菜单资源

（9）在 CDrawLineView 类中为"设置"菜单添加命令处理函数。打开 ClassWizard 对话框，选择 Message Maps 标签页，在 Class name 下拉列表框中选择 CDrawLineView 类，在 Object IDs 列表框中选择 IDM_SELECT_LINE_STYLE，在 Messages 列表框选择 COMMAND，然后单击 Add Function 按钮，弹出 Add Member Function 对话框，在该对话框的编辑框中输入 OnSelectLineStyle，单击 OK 按钮就完成了为"设置"菜单按钮添加命令处理函数的工作，然后单击 Edit Code 按钮，添加如下代码。该函数的主要作用就是显示"曲线属性"对话框。用户可以方便的从该对话框中选择曲线的属性，然后进行绘制。

```
void CDrawLineView::OnSelectLineStyle()
{
    CLineStyleDlg dlg;
    dlg.m_nStyle=nStyle;
    dlg.m_nWidth=nWidth;
```

```
                dlg.m_crColor=crColor;
                if(dlg.DoModal()!=IDOK) return;
                nStyle=dlg.m_nStyle;
                nWidth=dlg.m_nWidth;
                crColor=dlg.m_crColor;
                pen.DeleteObject();
                pen.CreatePen(nStyle,nWidth,crColor);
```
}

6. 修改 stdafx.h 文件。

由于 CTypedPtrList 和 CArray 都是模板类,所以要包含头文件 afxtempl.h,在 stdafx.h 文件中添加如下代码:

```
#include <afxtempl.h>
```

7. 编译与运行。输入上述代码之后,经过编译和运行就生成了如图 2.17 所示的界面。

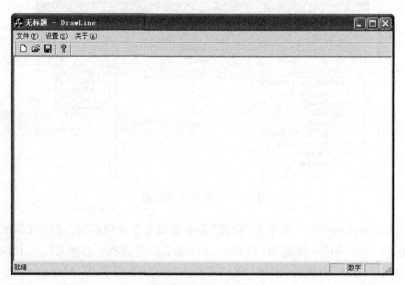

图 2.17 程序运行界面

在该界面中,白色的区域就是视图,在该视图中,拖动鼠标就可以画一条黑色的曲线,如图 2.18 所示。

也可以通过单击【设置】菜单,在弹出的曲线属性设置对话框中选择曲线的属性,如图 2.19 所示。

在上面的对话框中单击确定按钮后,再画曲线,结果如图 2.20 所示。

【测试与思考】

1. 单击【设置】菜单,在打开的曲线属性对话框中的线型下拉列表框中选择各种线型

第 2 部分 课程设计

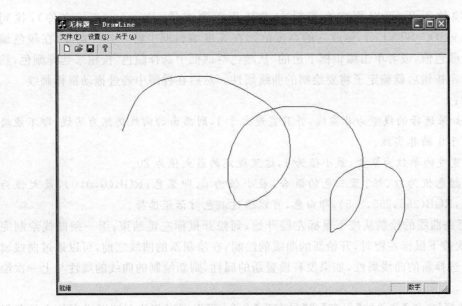

图 2.18 画图结果

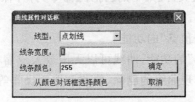

图 2.19 曲线的颜色设置为红色,线型设置为点划线

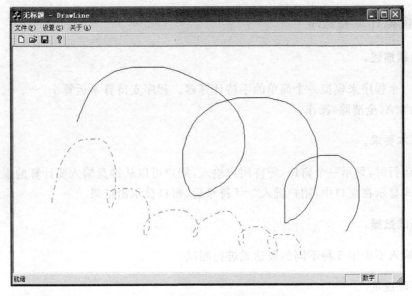

图 2.20 画红色点划线后的结果

(如果选项拉不开,可以用文本编辑方式打开资源文件(DrawLine.rc 文件),找到 ComboBox(IDC_STYLE),修改它的高度值),在宽度编辑框中输入各种宽度,在颜色编辑框输入颜色值,或者单击编辑框下边的"从颜色对话框中选择颜色"按钮来选择颜色,然后单击确定按钮后就确定了将要绘制的曲线属性。然后在视图中通过拖动鼠标画线。

注意:

(1) 如果选择的线型为非实线,并且宽度大于 1,则画出的曲线仍然为实线,即不能绘制宽度大于 1 的非实线。

(2) 宽度的单位为象素,最小值为 1,这里规定的最大值为 20。

(3) 颜色值为红、绿、蓝三色的混合,最小值为 0,即黑色,RGB(0,0,0),最大值为 16777215,RGB(255,255,255),即白色,可以通过颜色对话框选择。

2. 每条曲线的绘制从按下鼠标左键开始,到松开鼠标左键结束;第一条曲线绘制完毕,当再次按下鼠标左键时,开始新的曲线的绘制;在绘制新的曲线之前,可以通过曲线属性对话框选择新的曲线属性,如果没有设置新的属性,则新绘制的曲线的属性与上一次绘制的相同。

3. 选择【文件】菜单的【保存】或【另存为】命令,可以把当前的文档以指定的文件名保存到指定的文件夹中。选择【文件】菜单的【打开】命令,打开保存过的曲线文件并显示。

4. 可以进行扩展的内容。

(1) 增加"打印"和"打印预览"的功能。

(2) 增加"放大"和"缩小"的功能,曲线可以无限放大或缩小而不失真。

(3) 增加编辑功能,即实现曲线的删除、修改和取消操作等功能。

2.4 课程设计题目

2.4.1 模拟计算器程序

1. 问题描述。

设计一个程序来模拟一个简单的手持计算器。程序支持算术运算+、-、*、/、=,以及 C(清除)、A(全清除)操作。

2. 基本要求。

程序运行时,显示一个窗口,等待用户输入,用户可以从键盘输入要计算的表达式,输入的表达式显示在窗口中,用户键入"="符号后,窗口显示出结果。

3. 测试数据。

程序输入不少于 5 种不同的表达式进行测试。

4. 实现提示。

可定义一个计算器类,该类包括两个组件对象,一个计算引擎和一个用户接口,用户接口对象处理接收的键盘输入信息,并显示答案,计算引擎对象给出的数据执行相应操作,并存储操作的结果。

5. 选作内容。

如果用户输入的表达式不合法,可以判别出来并给出相应的错误提示。

2.4.2 设计一个排课程序

1. 问题描述。

每位教师都有教学工作量,教师对他所希望讲授的课程表达为一个期望值,1,2…,n,其中 1 是最高的期望值。课程也有优先级,1,2…,n,用来决定将课程分给教师的顺序,其中 1 是最高的优先级。设计一个程序针对某些课程给某些教师进行排课。

2. 基本要求。

程序运行时,用户输入教师信息(姓名、教师号、工作量)、课程信息(课程名、课程号、周学时、总学时、优先级),教师对所希望讲授课程的期望值以及教学工作量等相关信息,所有信息应保存在文件中,程序根据课程的优先级以及教师对课程的期望值进行排课。为了公平起见,程序随机分配课程,如果 10 门课程都有优先级 1,程序以随机的顺序将这些课程分给教师,如果 10 位教师对某门课程的期望值为 1,程序应从 10 位教师中随机选择一个。最后输出排课情况,即某位老师上某门课程,以及某位老师的工作量。

3. 测试数据。

程序应能实现对不少于 20 门课和 10 个教师的排课,并且使每个教师的满意度达到最大,不存在工作量不满的教师以及未分配的课等情况。

4. 实现提示。

可定义一个教师类存放教师信息,所有教师的信息可以用链表存储;定义一个课程类存放课程信息,所有课程的信息可以用链表存储;定义一个排课类进行排课,排课类可以访问课程和教师信息。

5. 选作内容。

对两个同类班级安排一学期(20 周)的课程,程序应能处理某些限制,如一个老师不能同时给两个班上课。

2.4.3 图书馆管理系统

1. 问题描述。

建立一个图书馆管理系统,可以处理以下对象:
(1) 图书馆基本信息。

(2) 图书馆的书籍。
(3) 图书馆管理员。
(4) 读者信息。

2. 程序要求,程序要完成下列功能。

(1) 查询图书馆的总信息。
(2) 查询图书馆管理员的信息。
(3) 查询图书馆藏书信息。
(4) 存入新书(有管理员加入,需进行身份验证)。
(5) 旧书处理。
(6) 存入新的管理员信息。
(7) 修改管理员信息(增加工龄,加薪)。
(8) 两所图书馆的最大藏书量之和。
(9) 根据书名检索书刊信息。
(10) 查询读者的借阅信息。
(11) 查询读者信息(包括借书情况、到期时间、罚款情况。)。
(12) 管理员可以修改用户的欠款和交款的金额。
(13) 读者分为学生、研究生和教师。学生的租期为1个月,教师的租期为2个月。

3. 程序设计说明。

(1) 使用链表实现。
(2) 使用文件保存书籍信息。

2.4.4 有理数运算

1. 问题描述。

有理数是一个可以化为分数的数,例如 2/3、533/920、-12/49 等都是有理数,而 $\sqrt{2}$ 就为无理数。在 C++中,并没有预先定义有理数,需要时可以定义一个有理数类,将有理数的分子和分母分别存放在两个整型变量中。对有理数的各种操作都可以用重载运算符来实现。

2. 基本要求。

定义并实现一个有理数类,通过重载运算符 +、-、*、/ 对有理数进行算术运算,通过重载运算符"=="实现判定两个有理数是否相等。写一个优化函数,它的作用是使有理数约去公分母,使保存的有理数分子和分母之间没有公约数(1除外)。此外,还要定义一个将有理数转换为实数的函数,再加上构造函数和有理数输出函数。

3. 测试数据。

在应用程序中,创建若干有理数对象,通过带参数的构造函数使得各有理数对象值各不相同,然后分别进行各类运算,输出运算结果,检验其正确性。

4. 实现提示。

设有两个有理数 a/b 和 c/d,则有:
(1) 有理数相加　分子＝a*d+b*c　分母＝b*d
(2) 有理数相减　分子＝a*d-b*c　分母＝b*d
(3) 有理数相乘　分子＝a*c　　　分母＝b*d
(4) 有理数相除　分子＝a*d　　　分母＝b*c

优化函数在创建有理数对象时应执行,在执行其他各种运算之后也需执行它,这样可保证所存储的有理数随时都是最优的。由于在对有理数进行各种运算后都会进行优化,所以判定两个有理数是否相等只需判定它们两个的分子和分母分别相等即可。

5. 选做内容。

重载插入(<<)和抽取(>>)运算符,使得对有理数可以直接输入输出。设有理数的输入格式为:

整数1　整数2　　　　　　　　//整数1为分子,整数2为分母

有理数输出格式为:

分子/分母

2.4.5　银行账户管理程序

1. 问题描述。

设计一个银行账户管理程序,账户的信息有账号(唯一)、姓名、余额、身份证号码、单位、电话号码、地址等,允许用户进行如下操作:开户、销户、存款、取款、转账、查询,一个用户可以有多个户头,账户的数值没有上限。

2. 基本要求。

程序运行时,可以由用户选择进行何种操作,开户操作要求输入用户信息后自动获取账号,用户销户后账号被回收,并且该账号可以继续分配给其他账户,不允许用户透支,根据姓名或账号可以进行用户的信息查询,所有的账户信息应存放到一个文件中,可以随时的访问和更新。

3. 测试数据。

程序应输入不少于10人的账户信息,应考虑到人员同名的情况。

4. 实现提示。

可定义一个账户类存放账户信息以及执行相应的操作,可以用一个链表类来管理

账户。

5. 选作内容。

在上述程序的基础上,添加联名账户(一个联名账户有两个拥有者)的管理。

2.4.6 水电煤气管理系统

1. 问题描述。

设计一个水电管理信息系统,能够对高校的水电费用进行管理,包括登记费用、查询费用和住户信息管理等。在设计时要考虑到学生和教工在用水电时的不同,学生可以免费使用一定额度的水电,超过这个额度的水电以后必须自费使用,且自费部分水电费的价格标准要高于教工的收费标准(主要是节约资源)。

2. 基本要求。

(1) 实现对用户信息的录入。
(2) 实现水电煤气数据的录入。
(3) 计算并查询用户应缴费用。
(4) 查询未缴纳费用的名单。

3. 测试数据。

可选用小区物业管理部门的数据,也可采用手工输入不少于 10 个用户信息的数据。

4. 实现提示。

(1) 用户基本信息类、教工用户信息类、学生用户信息类。
(2) 收费标准类,该类存储水电煤气标准单位的收费标准,如:煤气,1.0元/立方米。
(3) 不同类型人员的水、电、煤气信息类,这些类可以包括水表、电表、煤气表 ID、抄表时间、上次抄表时间、本次抄表时间、上次抄表度数、本次抄表度数、本次使用度数、费用、是否缴费标记等信息。
(4) 在实现的时候考虑继承和多态技术的合理使用。

5. 选做内容。

实现用户查询系统能够找出该用户半年之内的交费记录和本次应交费的数据。

第3部分 模拟试题

3.1 模拟试题(一)

一、判断对错题(10%)(对√,错×)

(　)1. 自动变量用堆方式创建,它与块共存亡。
(　)2. 运算符+=是右结合的。
(　)3. 表达式 cout<<99 的类型为 int。
(　)4. ++i 是左值,但 i++ 不是左值。
(　)5. Y[I][J]与 *(*Y+I)+J 不等价。
(　)6. 从外部看类的 private 成员和 protected 成员有区别。
(　)7. 运算符 & 不可以重载。
(　)8. 基类的 protected 成员经过 protected 派生,在派生类中它变成了 private 成员。
(　)9. 2.0/−3.0 是一个正确的表达式。
(　)10. 字符'\12'的 ASCII 为 12。

二、填空题(20%)

```
#include <iostream.h>
typedef struct node
{
    long data;
    node * next;
};
class stack
{
private:
    node * head;
①_____
    stack();
    ~stack();
    void push (②_____);
    ③_____ pop();
    ④_____ print();
};
stack::stack()
{   head=new ⑤_____
```

```
        head->next=⑥_____    }
stack::~stack()
{
    node * p;
    p=head;
    while (p)
    {
        head=head->next;
        ⑦_____
        p=head;
    }
}
void stack::push(long x)
{
    node * p=new node;
    p->data=x;
    p->next=head->next;
    ⑧_____=p;
    cout<<"Push" <<x<<" ok !"<<endl;
}
long stack::pop()
{
    node * p=head->next;
    if(p!=NULL)
    {
        long x=p->data;
        head->next=p->next;
        ⑨_____
        cout<<"pop "<<x<<" ok ! "<<endl;
        return x;
    }
    else
        cout<<"Stack is empty ! "<<endl;
    return 0;
}
void stack::print()
{
    node * p=head->next;
    cout<<"Stack_Top"<<endl;
    while (p)
    {
        cout<<p->data<<endl;
        ⑩_____;
    }
```

```
        cout<<"Stack_bottom"<<endl;
}
```

三、简答题(20%)(按条列出论点)

1. 注解。
2. new 运算。
3. 宏定义。
4. private 成员。
5. 构造函数。

四、程序设计题(50%)

1. 写一基于文件流的程序,删除 C++源程序中的单行注解。要求:C++源程序文件名和删除单行注解后的文件名均在命令行中给出。
2. 已知 A[N]是整数数组,试以递归函数实现求 N 个整数之和。
3. 请为 Fraction 类(分数类)定义下列重载运算符函数(注意函数原型)
(1) 复合赋值运算+=。
(2) 等于运算=。
(3) 插入运算<<。

```
class Fraction
{
private:
    int fz;              //分子
    int fm;              //分母
public:
    ...
};
```

3.2 模拟试题(二)

一、判断对错题(10 分)(对√,错×)

(　)1. 在类定义中不允许对所定义的数据成员进行初始化。
(　)2. 程序中不能直接调用构造函数,在创建对象时系统自动调用构造函数。
(　)3. 从外部看类的 private 成员和 protected 成员没有区别。
(　)4. 可以将派生类对象赋给基类对象,也可以将基类对象赋给派生类对象。
(　)5. 构造函数和析构函数都不能为虚函数。
(　)6. C++按列优先存放数组元素。
(　)7. 1/2 的值等于 0.5。
(　)8. 基类的 protected 成员经过 protected 派生后,在派生类中仍为 protected

成员。

( )9. 所有运算符都可以重载。

( )10. 表达式 cout<<99 的类型为 int。

二、单项选择题(20 分)

1. 下列有关类的说法不正确的是(　　)。
    A. 类是一种用户自定义的数据类型
    B. 只有类中的成员函数才能存取类中的私有数据
    C. 在类中,如果不作特别说明,所有的数据均为私有类型
    D. 在类中,如果不作特别说明,所有的成员函数均为公有类型
2. 在 C++程序中,对象之间的相互通信通过(　　)。
    A. 继承实现   B. 调用成员函数实现
    C. 封装实现   D. 函数重载实现
3. 对于任意一个类,析构函数的个数有(　　)。
    A. 0   B. 1   C. 不确定   D. 2
4. 在下列各函数中,不是类的成员函数的是(　　)。
    A. 构造函数   B. 析构函数
    C. 友元函数   D. 拷贝构造函数
5. 在多基继承的构造函数定义中,几个基类的构造函数之间用(　　)分隔。
    A. :   B. ;   C. ,   D. ::
6. 若类 A 和类 B 的定义如下:

```
class A
{
    int i,j;
public:
    void get();
    //...
};
class B: A
{
    int  k;
public:
    void make(int );
    //...
};
void B::make(int j)
{
    k=i*j;
}
```

则上述定义中,非法的表达式是(　　)。

A. void get(); B. int k;
C. void make(int) D. k=i*j;

7. 已知：print()函数是一个类的常成员函数，它无返回值，下列表示中正确的是( )。

A. const void print() B. void const print()
C. void print(const) D. void print()const

8. 在类外部可以用p.a的形式访问派生类对象p的基类成员a，则a应是( )。

A. 私有继承的公有成员 B. 公有继承的私有成员
C. 公有继承的保护成员 D. 公有继承的公有成员

9. 下列关于运算符重载的描述中，正确的叙述是( )。

A. 运算符重载可以改变运算数的个数
B. 运算符重载可以改变语法结构
C. 运算符重载可以构造新的运算符
D. 运算符重载不可以改变优先级和结合性

10. 下列带默认值参数的函数说明中，正确的说明是( )。

A. int Fun(int x=1,int y=2,int z);
B. int Fun(int x,int y=2,int z=3);
C. int Fun(int x,int y=2,int z);
D. int Fun(int x=1,int y,int z=3);

三、完成程序题：根据题目要求，完成程序填空。(20分)

1. 本程序在3位正整数中寻找符合下列条件的整数：它既是完全平方数，又有两位数字相同，例如144,676等。用程序找出所有满足上述条件的3位数并输出。

```
int flag(int a,int b,int c)
{
    return !((_____) * (_____) * (_____));
}
void main()
{
    int n,k,a,b,c;
    for(k=1;;k++)
    {
        _____;
        if(n<100)_____;
        if(n>999)_____;
        a=n/100;
        b=(n/10)%10;
        c=n%10;
        if(flag(a,b,c))
            cout<<n<<"="<<k<<"*"<<k<<endl;
```

        }
    }

2. 类 CPoint 中的成员函数 Init 的功能是用已知对象给另一对象赋值,请将其补充完整。

```
class CPoint
{
    int x,y;
public:
    CPoint(int i,int j){ x=i; y=j; }
    void Init(CPoint & k)
    {
        if(_____) return;        //防止自身赋值
        _____=k;
    }
};
```

3. 补充以下类,使其能正确运行。

```
#include <iostream.h>
class P
{
private:
    int x1,x2;
    static int y;
public:
    P(_____){ x1=i; x2=j; }
};
_____=0;                        //对静态成员 y 赋值
void main()
{
    P data[20];
}
```

4. 在下面程序横线处填上适当的字句,使其输出结果为 0,56,56。

```
#include <iostream.h>
class base
{
public:
    int func(){ return 0; }
};
class derived: public base
{
public:
    int a,b,c;
```

```
        setValue(int x,int y,int z){ a=x; b=y; c=z; }
        int func(){ return(a+b) * c; }
};
void main()
{   base b;
    derived d;
    cout<<b.func()<<',';
    d.setValue(3,5,7);
    cout<<d.func()<<',';
    base& pb=d;
    cout<<pb.func()<<endl;
}
```

四、程序分析题：给出下面程序输出结果。（15 分）

1.

```
#include <iostream.h>
int f(int i){return --i;}
int g(int & i){ return --i;}
void main( )
{
    int a,b,c,d,e;
    a=b=c=d=10;
    a +=f(g(a));
    b +=g(e=g(b));
    c +=g(e=f(c));
    d +=f(f(d));
    cout<<"a="<<a<<endl;
    cout<<"b="<<b<<endl;
    cout<<"c="<<c<<endl;
    cout<<"d="<<d<<endl;
    cout<<"e="<<e<<endl;
}
```

输出为：

2.

```
#include <iostream.h>
class Sample
{
    int x;
public:
    Sample(int a){ x=a; }
    friend double square(Sample & s);
```

```
};
double square(Sample & s){ return s.x*s.x; }
void main()
{
    Sample s1(20);
    Sample s2(30);
    cout<<"s1.square="<<square(s1)<<endl;
    cout<<"s2.square="<<square(s2)<<endl;
}
```

输出为：

3.

```
#include <iostream.h>
class base1
{
    int x;
public:
    base1(int i){ x=i; cout<<"base1 constructor called!"<<endl; }
    ~base1(){cout<<"base1 destructor called! "<<endl;}
};
class base2
{
    int y;
public:
    base2(int i){ y=i; cout<<"base2 constructor called!"<<endl; }
    ~base2(){cout<<"base2 destructor called!"<<endl;}
};
class derivate: public base2,public base1
{
public:
    derivate(int i,int j):base1(i),base2(j)
    {cout<<"derivate constructor called!"<<endl;}
    ~derivate(){cout<<"derivate destructor called!"<<endl;}
};
void main()
{
    derivate d(3,4);
}
```

输出为：

五、程序设计题(35 分)

1. (10 分)写一递归函数计算 $F(n)=1+\dfrac{1}{2}+\dfrac{1}{3}+\cdots+\dfrac{1}{n}$。

2. (10分)写一基于文件流的程序将文件中大写字母转换成小写字母。要求:输入和输出文件名均在命令行中给出。

3. (15分)编写一个程序输入3个学生的英语和计算机成绩,并按总分从高到低排序。要求设计一个学生类Student,其定义如下:

```
class Student
{
    int english,computer,total;
public:
    void getscore();            //获取一个学生的成绩
    void display();             //显示一个学生的成绩
    void sort(Student *);       //将若干个学生按总分从高到低排序
    ~Student();
};
```

3.3 模拟试题(三)

一、判断对错题(10分)(对√,错×)

(   )1. 构造函数的访问属性可以是 public 的,但不可以是 protected 和 private。
(   )2. 析构函数可以被显式调用,也可以被系统自动调用。
(   )3. 可以用派生类对象地址来初始化一个指向基类对象的指针。
(   )4. C++有三种存储类。
(   )5. 从派生类看 private 成员和 protected 成员没有区别。
(   )6. 重载运算符=只能采用友元函数方式。
(   )7. C++按行优先存放数组元素。
(   )8. Y[I][J]与*(*(Y+I)+J)等价。
(   )9. protected 派生使基类的非私有成员的访问属性在派生类中都降一级。
(   )10. 表达式 cout<<99 的类型为 ostream。

二、单项选择题(20分)

1. 下列有关类和对象的说法不正确的有(   )。
    A. 对象是类的一个实例
    B. 任何一个对象只能属于一个具体的类
    C. 一个类只能有一个对象
    D. 类与对象的关系和数据类型和变量的关系相似

2. C++语言建立类层次结构是通过(   )。
    A. 类的嵌套   B. 类的继承   C. 虚函数   D. 抽象类

3. 对于任意一个类,构造函数的个数至少有(   )。
    A. 0   B. 1   C. 2   D. 3

4. 下列定义中,定义指向数组的指针 p 的是( )。
   A. int * p[5]   B. int (* p)[5]
   C. (int *)p[5]   D. int * p[]
5. 友元的作用是( )。
   A. 提高程序的运用效率   B. 加强类的封装性
   C. 实现数据的隐藏性   D. 增加成员函数的种类
6. 派生类的对象对它的基类成员中( )是可以访问的。
   A. 私有继承的公有成员   B. 公有继承的私有成员
   C. 公有继承的保护成员   D. 公有继承的公有成员
7. 设置虚基类的目的是( )。
   A. 简化程序   B. 提高运行效率
   C. 消除二义性   D. 减少目标代码
8. 下述静态数据成员的特性中,错误的是( )。
   A. 说明静态数据成员时前边要加修饰符 static
   B. 静态数据成员要在类体外进行初始化
   C. 引用静态数据成员时,要在静态数据成员名前加上〈类名〉和作用域运算符
   D. 静态数据成员不是所有对象所共用的
9. 下列运算符中,在 C++ 里不能重载的是( )。
   A. &&   B. []   C. ::   D. new
10. 如果一个类至少有一个纯虚函数,那么就称该类为( )。
    A. 抽象类   B. 虚基类   C. 派生类   D. 以上都不对

三、完成程序题:根据题目要求,完成程序填空。(20 分)

1. 函数 merge 将两个从小到大的有序数组 a 和 b 合并生成一个新的从小到大的有序整数序列,其中形参 n 和 m 分别是数组 a 和 b 的元素个数,请将其补充完整。

```
void merge(int a[],int n,int b[],int m,int * c)
{
    int i=0,j=0;
    while(i<n && j<m)
        * c++=a[i]<b[j]?a[i++]:b[j++];
    while(_____)
        * c++=a[i++];
    while(_____)
        * c++=b[j++];
}
```

2. 阅读以下程序,其中函数 distance 是求两个点之间的距离。请填空,使其输出结果为 5。

```
#include <iostream.h>
```

```
#include <math.h>
class Point
{
    int x,y;
public:
    Point(int i=0,int j=0) _____ { }
    _____ double distance(Point p,Point q);
};
double distance(Point p,Point q)
{
    double d;
    d=(p.x-q.x)*(p.x-q.x)+(p.y-q.y)*(p.y-q.y);
    return sqrt(d);
}
void main()
{
    Point p(1,1),q(4,5);
    cout<<distance(p,q)<<endl;
}
```

3. 补充以下程序,使其输出结果为 20,40。

```
#include <iostream.h>
class A
{
    _____
    int x;
public:
    A(int x=20){_____;}
};
class B: public A
{
    int y;
public:
    B(int i=30,int j=40) _____
    void print()
    {_____}
};
void main()
{
    B b;
    b.print();
}
```

4. 在下面程序横线处填上适当的语句,使其输出结果为 0,56,56。

```cpp
#include <iostream.h>
class base
{
public:
    _____ int func(){ return 0; }
};
class derived: public base{
    public:
        int a,b,c;
        void setValue(int x,int y,int z){ a=x; b=y; c=z; }
        int func(){return (a+b) * c;}
};
void main()
{
    base b;
    derived d;
    cout<<b.func()<<',';
    d.setValue(3,5,7);
    cout<<d.func()<<',';
    _____
    cout<<pb->func( )<<endl;
}
```

四、程序分析题：给出下面程序输出结果。（15分）

1.

```cpp
#include <iostream.h>
class B
{
public:
    B(){ cout<<"B::B() construction."<<endl; }
    virtual ~B(){ cout<<"B::~B() destruction."<<endl;}
};
class D: public B
{
public:
    D(int i){cout<<"D::D() construction."<<endl;
    buf=new char[i];
    }
    virtual ~D()
    {
        delete []buf;
        cout<<"D::~D() destruction."<<endl;
    }
```

```
private:
    char * buf;
};
void fun(B * a)
{
    delete a;
}
void main()
{
    B * a=new D(25);
    fun(a);
}
```
输出为：

2.
```
#include<iostream.h>
class A
{
    int x;
public:
    A(int i=10){ cout<<"Constructor called!"<<endl; x=i; }
    A(A &a){ cout<<"Copy constructor called!"<<endl;x=a.x; }
    ~A(){ cout<<"Destructor called!"<<endl; }
    void print(){ cout<<x<<endl; }
};
void main()
{
    A a;
    A b=a;
    b.print();
}
```
输出为：

3.
```
#include<iostream.h>
class A
{
public:
    A(){ cout<<"A constructor called!"<<endl; }
    void f(){ cout<<"f() is called in A!"<<endl; }
};
class B : public A
{
public:
```

```
        B(){ cout<<"B constructor called!"<<endl; }
        virtual void f(){ cout<<"f() is called in B!"<<endl; }
};
class C: public B
{
public:
        C(){cout<<"C constructor called!"<<endl;}
        void f(){cout<<"f() is called in C!"<<endl;}
};
void main()
{
    A * pa;
    B * pb;
    pa=pb=new C;
    pa->f();
    pb->f();
}
```

输出为:

五、程序设计题(35 分)

1.（10 分）按下述递归定义编写一个计算幂级数的递归函数 $x^n = \begin{cases} 1 & n=0 \\ x \times x^{n-1} & n>0 \end{cases}$。

2.（10 分）写一基于文件流的程序将文件中小写字母转换成大写字母。要求：输入和输出文件名均在命令行中给出。

3.（15 分）下列 shape 类是一个表示形状的抽象类，area( )为求图形面积的函数，total( )则是一个通用的用以求不同形状的图形面积总和的函数。请从 shape 类派生三角形类(triangle)、矩形类(rectangle)，并给出具体的求面积函数。

```
class shape
{
public:
    virtual float area()=0;
};
float total(shape * s[],int n)
{
    float sum=0.0;
    for(int i=0;i<n;i++)
        sum+=s[i]->area();
    return sum;
}
```

3.4 模拟试题(四)

一、判断对错题(10%)(对√,错×)

( )1. 函数是程序中被命名的封装实体。
( )2. 表达式 cout<<99 的类型为 ostream&。
( )3. 运算符","是右结合的。
( )4. X[I][J][K]与 *(*(*X+I)+J)+K)等价。
( )5. ++i 和 i++ 都不是左值。
( )6. 表达式 P==0? P+=1: P+=2 不正确。
( )7. 字符\x12的 ASCII 为 10。
( )8. 重载运算符[]不能采用成员函数方式。
( )9. 基类的 public 成员经过 protected 派生,在派生类中它变成了 protected 成员。
( )10. 从类内部看 private 成员和 public 成员没有区别。

二、填空题(20%)

```
#include <iostream.h>
const int n=3;
class queue
{
private:
    int q[①_____];
    int len;
    int rear;
②_____
    queue();
    ~queue();
    void in (③_____);
    int out();
    void print();
};
④_____ queue()
{
    ⑤_____ 0;
    rear=0;
}
queue::~queue()
{
}
void queue::in(int x)
```

```cpp
{
    if(⑥_____)
    {
        q[rear]=⑦_____;
        rear=(rear+1)%n;
        len++;
        cout<<x<<" in queue!"<<endl;
    }
    else
        cout<<"Queue is fill !"<<endl;
}
int queue::out()
{
    if(⑧_____)
    {
        int x=q[(rear-len+n)%n];
        ⑨_____;
        cout<<x<<" out queue!"<<endl;
        return x;
    }
    else
        cout<<"Queue is empty !"<<endl;
    return 0;
}
void queue::print()
{
    cout<<"Queue_Front"<<endl;
    int i=(rear-len+n)%n;
    for(int j=0; j<len;  ⑩_____)
    {
        cout<<q[i]<<endl;
        i=(i+1)%n;
    }
    cout<<"Queue_Rear"<<endl;
};
```

三、简要论述题(20%)(按条列出论点)

(1) enum 类型

(2) 函数模板

(3) ?: 运算符

(4) 函数重载

(5) public 派生

四、程序设计题(50%)

1. 写一基于文件流的程序,合并两个文件,合并的结果放在第三个文件中。要求:三个文件名均在命令行中给出。

2. 试利用自增运算++和自减运算--,写出两个非负整数 A 和 B 相加的递归函数定义。

3. 请为 fraction 类(分数类)定义下列重载运算符函数(注意函数原型)
(1) 加法运算+。
(2) 赋值运算=。
(3) 提取运算>>。

```
class fraction
{
private:
    int fz;              //分子
    int fm;              //分母
public:
    ...
};
```

第4部分 参考答案

4.1 主教材习题参考答案

第1章习题

1. 单项选择题

(1) B (2) C (3) C (4) A

2. 概念题

(1) 解答要点：面向过程程序设计采用结构化思想，将数据和对数据的操作分离，程序是由一个个的函数组成的；面向对象程序设计将数据和操作封装在一起，程序是由一个个对象组成的，对象之间通过接口进行通信，能够较好地支持程序代码的复用。

(2) 面向对象程序设计语言有4个特征：

① 抽象性——许多实体的共性产生类。

② 封装性——类将数据和操作封装为用户自定义的抽象数据类型。

③ 继承性——类能被复用，具有继承(派生)机制。

④ 多态性——具有动态联编机制。

(3) 经过四个阶段：编辑、编译、连接、执行。

(4) 略。

3. 用传统流程图或N-S流程图表示实现下列功能的算法。

(1) 求5！的算法。(1 * 2 * 3 * 4 * 5)

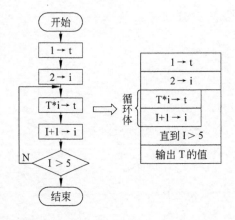

(2) 判断 2000～2500 年间闰年的算法。

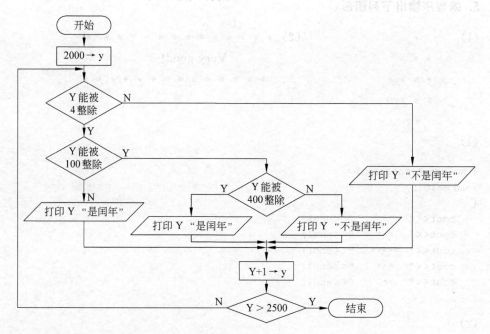

(3) 输入一个整数，输出它的所有因子数。

4．求两个数 m 和 n 的最大公约数。

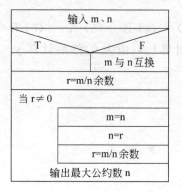

5. 编程序输出下列图形

```
(1)       *                (2) * * * * * * * * * * * * * *
         * * *                       Very good!
        * * * * *              * * * * * * * * * * * * * *
         * * *
          *
```

(1)

```
#include <iostream.h>
void main()
{
    cout<<"    *    "<<endl;
    cout<<"   ***   "<<endl;
    cout<<"  *****  "<<endl;
    cout<<"   ***   "<<endl;
    cout<<"    *    "<<endl;
}
```

(2)

```
#include <iostream.h>
void main()
{
    cout<<"**************\n";
    cout<<"    Very good! \n");
    cout<<"**************\n";
}
```

第 2 章习题

1. 单项选择题

(1) A　(2) A　(3) D　(4) B　(5) A　(6) D　(7) C　(8) A　(9) D
(10) B 注解：表达式先计算！x，值为 0；然后计算 y－－，值为 1；最后 0‖1，结果为 1。
(11) D

2. 填空题

(1) x＞5‖x＜－5
(2) 0
(3) －16
(4) f
(5) B　67

(6) 12

(7) G

(8) 不确定值

(9) cin≫x≫y≫z;

(10) 符号定义的地方

第3章习题

1. 单项选择题

(1) D　(2) A　(3) D　(4) A　(5) C　(6) B　(7) D　(8) C　(9) D

2. 填空题

(1) 执行循环体,判断,判断,执行循环体

(2) 循环结构,switch,循环结构

(3) <10,j%3=！0

(4) 3

(5) j=52

(6) i=8

(7) 14

(8) 20,0

3. 阅读程序,写出结果

(1) 366778

(2) a=8

4. 编程题

(1) 编写程序,打印出三角形的九九乘法表。

```
#include <iostream.h>
void main()
{
    int i,j;
    for(i=1;i<=9;i++)              //打印表头
        cout<<i<<'\t';
    cout<<endl;
    for(i=0;i<=50;i++)
        cout<<'';
    cout<<endl;
    for(i=1;i<=9;i++)              //循环体执行一次,打印一行
    {
```

```
            for(j=1;j<=i;j++)
                cout<<i*j<<'\t';        //循环体执行一次,打印一个数据
        cout<<endl;                     //每行尾换行
    }
    cout<<endl;
}
```

(2) 两个乒乓球队进行比赛,各出三人。甲队为 a,b,c 三人,乙队为 x,y,z 三人。已抽签决定比赛名单。有人向队员打听比赛的名单。a 说他不和 x 比,c 说他不和 x、z 比,请编程序找出三队赛手的名单。

```
#include<iostream.h>
void main()
{
    char i,j,k;                         //i 是 a 的对手,j 是 b 的对手,k 是 c 的对手
    for(i='x';i<='z';i++)
        for(j='x';j<='z';j++)
        {
            if(i!=j)
                for(k='x';k<='z';k++)
                {
                    if(i!=k&&j!=k)
                    {
                        if(i!='x'&&k!='x'&&k!='z')
                            cout<<"order is a--"<<i<<"\tb--"<<j<<"\tc--"<<k<<
                            endl;
                    }
                }
        }
}
```

(3) 5 位跳水高手参加 10 米高台跳水决赛,有好事者让 5 人据实力预测比赛结果。
A 选手说: B 第二,我第三。B 选手说: 我第二,E 第四。
C 选手说: 我第一,D 第二。D 选手说: C 最后,我第三。
E 选手说: 我第四,A 第一。
决赛成绩公布之后,每位选手的预测都只说对了一半,即一对一错。请编程解出比赛的实际名次。

```
#include<iostream.h>
void main()
{
    int cc1,cc2,cc3,cc4,cc5;        //cc1 到 cc5 代表 5 位选手的逻辑判断
    int A,B,C,D,E;                  //A,B,C,D,E 分别代表 5 位选手的名次
    int g;                          //问题是否解决的 BOOL 值
    for(A=1; A<=5; A++)
```

```
            for(B=1; B<=5; B++)
            {
                for(C=1; C<=5; C++ )
                {
                    for(D=1; D<=5; D++)
                    {
                        for(E=1; E<=5; E++)
                        {
                          cc1=((B==2)&&(!(A==3)))||((!(B==2))&&(A==3));
                          cc2=((B==2)&&(!(E==4)))||((!(B==2))&&(E==4));
                          cc3=((C==1)&&(!(D==2)))||((!(C==1))&&(D==2));
                          cc4=((C==5)&&(!(D==3)))||((!(C==5))&&(D==3));
                          cc5=((E==4)&&(!(A==1)))||((!(E==4))&&(A==1));
                          if(((cc1+cc2+cc3+cc4+cc5)==5)&&(A!=B)&&(A!=C)&&(A!=D)&&
                            (A!=E)&&(B!=C)&&(B!=D)&&(B!=E)&&(C!=D)&&(C!=E)&&(D!=E))
                            {
                                g=1;
                                cout<<"A 的名次是："<<A<<endl;
                                cout<<"B 的名次是："<<B<<endl;
                                cout<<"C 的名次是："<<C<<endl;
                                cout<<"D 的名次是："<<D<<endl;
                                cout<<"E 的名次是："<<E<<endl;
                            }
                        }
                    }
                }
            }
        };

    if(g!=1)
    cout<<"Can't found!"<<endl;
}
```

(4) 有一分数序列：2/1,3/2,5/3,8/5,13/8,21/13,…求出这个数列的前 20 项之和。

```
#include <iostream.h>
void main()
{
    int n,t,number=20;
    float a=2,b=1,s=0;
    for(n=1;n<=number;n++)
    {
        s=s+a/b;
        t=a;a=a+b;b=t;
    }
    cout<<"sum is "<<s;
```

(5) 将一个正整数分解质因数。例如：输入 90，打印出 90＝2＊3＊3＊5。

```
#include <iostream.h>
void main()
{
    int n,i;
    cout<<"\nplease input a number: \n";
    cin>>n;
    cout<<n<<"=";
    for(i=2;i<=n;i++)
    {
        while(n!=i)
        {
            if(n% i==0)
            {
                cout<<i<<"*";
                n=n/i;
            }
            else
                break;
        }
    }
    cout<<n;
}
```

(6) 输入一行字符，分别统计出其中英文字母、空格、数字和其他字符的个数。

```
#include <iostream.h>
#include <stdio.h>
void main()
{
    char c;
    int letters=0,space=0,digit=0,others=0;
    cout<<"please input some characters: \n";
    cout.flush();
    while((c=getchar())!='\n')
    {
        if(c>='a'&&c<='z'|| c>='A'&&c<='Z')
            letters++;
        else if(c==' ')
            space++;
        else if(c>='0'&&c<='9')
            digit++;
        else
```

```
            others++;
    }
    cout<<"all in all: char="<<letters<<" space="<<space<<" digit="<<digit<<
    "others="<<others;
}
```

(7) 从键盘读入一行英文句子,统计并输出句子中单词的个数。

```
#include<iostream.h>
void main()
{
    char ch;
    int wordNum=0;
    cout<<"Please input a sentence: \n";
    do{
        //过滤空格
        while(ch=cin.get()==' ');
        //如果是换行符号,则结束循环
        if(ch=='\n')break;
        //读入一个单词,单词结束的标志是遇到空格或换行符
        while(ch!=' '&&ch!='\n')
            ch=cin.get();
        wordNum++;
    }while(ch!='\n');
    cout<<("The number of words equals: ")<<wordNum<<endl;
}
```

(8) 设计一程序,输入一个十进制正整数,然后以二进制形式显示该数。例如,输入 5 时显示 101,输入 10 时显示 1010。

```
#include<iostream.h>
void main()
{
    unsigned x,mask;
    //mask 的初值是:最高位为 1,其余位为 0
    //初始化时区分 4 字节整型和 2 字节整型两种情况,以适应不同的编译系统
    mask=(sizeof(mask)>2 ? 0x80000000 : 0x8000);
    cout<<"请输入一个十进制正整数:";
    cin>>x;
    //滤掉前导无效 0
    while(mask>0){                  //只要"1"没有移出 mask 就一直循环下去
        if(x & mask) goto FIRST_1;  //结果非 0,说明对应位是 1,转出循环
        mask>>=1;                   //否则 mask 右移一位,准备检查下一位
    }
    //循环正常退出时到达此处,说明 x 的所有位都是 0,也即 x==0
    cout<<0;                        //显示 x 值的二进制形式:0
```

```
        cout<<endl<<"按回车键继续…"; cin.get();  cin.get();
        return;                      //完成任务,返回
        //发现 x 的二进制位中的第一个"1"时,从上面的 while 循环直接转到这里
FIRST_1:                             //这是标号
        do{                          //此循环处理滤掉无效 0 后剩余的二进制位
            cout<<(x & mask ? 1 : 0);//对应位是 1 就输出 1,是 0 就输出 0
            mask>>=1;                //mask 右移一位,准备检查下一位
        }while(mask>0);              //只要"1"没有移出 mask 就一直循环下去
        cout<<endl<<"按回车键继续…";
}
```

(9) 百钱买百鸡问题。

一只公鸡值钱 5 元,一只母鸡值钱 3 元,三只小鸡值钱 1 元。欲 100 元买 100 只鸡,问公鸡、母鸡、小鸡的只数如何搭配?

```
#include<iostream.h>
void main()
{
    int cocks,hens,chicks;
    for(cocks=0;cocks<=19;cocks++)
        for(hens=0;hens<=33;hens++)
        {
            chicks=100-cocks-hens;
            if(5*cocks+3*hens+chicks/3.0==100)
                cout<<cocks<<'\t'<<hens<<'\t'<<chicks<<endl;
        }
}
```

(10) 抓交通肇事犯。

一辆卡车违反交通规则,撞人后逃跑。现场有三人目击事件,但都没记住车号,只记下车号的一些特征。甲说:"牌照的前两位数字是相同的",乙说:"牌照的后两位数字是相同的,但与前两位不同",丙是位数学家,他说:"四位车号刚好是一个整数的平方"。请根据以上线索求出车号。

```
#include<iostream.h>
void main()
{
    int i,j,k,c;
    for(i=1;i<=9;i++)
        for(j=0;j<=9;j++)
            if(i!=j)
            {
                k=i*1000+i*100+j*10+j;
                for(c=31;c*c<=k;c++)
                    if(c*c==k) cout<<"Lorry-No. is "<<k;
```

}
}

第4章习题

1. 单项选择题

(1) C (2) D (3) B (4) C (5) B (6) A (7) C (8) A (9) D (10) D

2. 阅读程序,写出结果。

(1) ♯ & * ♯ %

(2) 10010

(3) s1=8
　　s2=10

(4) 0

(5) a[0]=1
　　a[2]=2
　　a[4]=2
　　a[6]=2

3. 编写程序

(1) 将一个数组中的值按逆序重新存放,然后输出。

```
#include <iostream.h>
#define N 10
void main()
{
    int a[N],i,t;
    for(i=0;i<N;i++)
        cin>>a[i];
    for(i=0;i<=N/2;i++)
    { t=a[i];a[i]=a[N-i-1];a[N-i-1]=t;}
    for(i=0;i<N;i++)
        cout<<a[i]<<" ";
}
```

(2) 某个公司采用公用电话传递数据,数据是4位的整数,在传递过程中是加密的,加密规则如下:每位数字都加上5,然后用和除以10的余数代替该数字,再将第一位和第四位交换,第二位和第三位交换。

```
#include <iostream.h>
void main()
{
```

```
int a,i,aa[4],t;
cin>>a;
aa[0]=a%10;
aa[1]=a%100/10;
aa[2]=a%1000/100;
aa[3]=a/1000;
for(i=0;i<=3;i++)
{
    aa[i]+=5;
    aa[i]%=10;
}
for(i=0;i<=3/2;i++)
{
    t=aa[i];
    aa[i]=aa[3-i];
    aa[3-i]=t;
}
for(i=3;i>=0;i--)
    cout<<aa[i];
}
```

(3) 设某班有 28 人参加了英语考试，编写程序统计输出考试成绩不及格的人数及其百分比。

```
#include<iostream.h>
#define TOTAL 28
void main()
{
    int i;
    float score[TOTAL],t,percent;
    int sum=0;
    for(i=0;i<TOTAL;i++)
    {
        cin>>t;
        score[i]=t;
    }

    for(i=0;i<TOTAL;i++)
        if(score[i]<60)
            sum++;
    percent=(float)sum/TOTAL;
    cout<<sum<<","<<percent;
}
```

(4) 编程输入 10 个整数，请按照从后向前的顺序，依次找出并输出其中能被 7 整除的所有整数,以及这些整数的和。

```cpp
#include <iostream.h>
void main()
{
    int i,sum=0,a[10];
    for(i=0;i<10;i++)
        cin>>a[i];
    for(i=9;i>=0;i--)
        if(a[i]%7==0)
        {   sum+=a[i];
            cout<<a[i]<<" ";
        }
    cout<<endl<<"sum="<<sum;
}
```

(5) 编写程序,求方阵4×4两对角线元素之和及其转置矩阵。

```cpp
#include <iostream.h>
void main()
{
    int a[4][4],t[4][4];
    int i,j,s1=0,s2=0;
    for(i=0;i<=3;i++)
        for(j=0;j<=3;j++)
            cin>>a[i][j];
    for(i=0;i<=3;i++)
    {
        for(j=0;j<=3;j++)
            t[j][i]=a[i][j];
        s1+=a[i][i];
        s2+=a[i][3-i];
    }
    cout<<"s1="<<s1<<"s2="<<s2<<endl;
    for(i=0;i<=3;i++)
    {
        for(j=0;j<=3;j++)
            cout<<t[i][j]<<" ";
        cout<<endl;
    }
}
```

(6) 按如下图形打印杨辉三角形的前10行,其特点是两个腰上的数都为1,其他位置上的每一个数是它上一行相邻两个整数之和。

```
                        1
                     1     1
                  1     2     1
               1     3     3     1
            1     4     6     4     1
                     ……
```

```cpp
#include <iostream.h>
#include <iomanip.h>
#define N 10
void main()
{
    int i,j,k,a[N][N];
    for(i=0;i<N;i++)
    {
        a[i][0]=1;
        a[i][i]=1;
    }
    for(i=2;i<N;i++)
        for(j=1;j<i;j++)
            a[i][j]=a[i-1][j-1]+a[i-1][j];
    for(i=0;i<N;i++)
    {
        for(k=0;k<=3*(N-i);k++)
            cout<<" ";
        for(j=0;j<=i;j++)
            cout<<setw(6)<<a[i][j];
        cout<<endl;
    }
    cout<<endl;
}
```

(7) 找出一个二维数组中的"鞍点",即该位置上的元素在该行中最大,在该列中最小(也可能没有"鞍点"),打印出有关信息。

```cpp
#define N 20
#define M 20
#include <iostream.h>
#include <iomanip.h>
void main()
{
    int a[N][M];
    int i,j,k,row,col,n,m,find=0;
    cout<<"Enter n & m: "<<endl;
    cin>>n>>m;
```

```
        cout<<"Enter a[0][0]--a["<<n-1<<"]["<<m-1<<"]"<<endl;
        for(i=0;i<n;i++)
            for(j=0;j<m;j++)
                cin>>a[i][j];
        cout<<endl<<"The array you have just entered is: "<<endl;
        for(i=0;i<n;i++)
        {
            for(j=0;j<m;j++)
                cout<<setw(5)<<a[i][j];
            cout<<endl;
        }
        for(i=0;i<n;i++)
        {
            for(col=0,j=1;j<m;j++)
                if(a[i][col]<a[i][j])
                    col=j;
            for(row=0,k=1;k<n;k++)
                if(a[row][col]>a[k][col])
                    row=k;
            if(i==row)
            {
                find=1;
                cout<<"The point is a["<<row<<"]["<<col<<"]."<<endl;
            }
        }
    if(!find)
        cout<<endl<<"No solution."<<endl;
}
```

(8) 打印下面的图形：

```
                        *****
                         *****
                          *****
                           *****
                            *****
```

```
#include<iostream.h>
void main()
{
    static char a[]={'*','*','*','*','*'};
    int  i,j,k;
    for(i=0;i<5;i++)
    {
        cout<<endl;
        for(j=0;j<i;j++)
```

```
            cout<<" ";
        for(k=0;k<5;k++)
            cout<<a[k];
    }
}
```

(9) 任意输入两个字符串,第二个作为子串,检查第一个字符串中含有几个这样的子串。

```
#include <iostream.h>
#include <cstring>
void main()
{
    char s[80],a[20];
    int i,j,m,n,sum=0;
    cout<<"input the first string: ";
    cin.getline(s,80);
    cout<<"input the second string: ";
    cin.getline(a,20);
    n=strlen(s);
    m=strlen(a);
    for(i=0; i<=n-m; i++)
    {
        for(j=0; j<m; j++)
            if(s[i+j]!=a[j]) break;
        if(j==m) {sum++,i=i+j;}
    }
    cout<<"sum="<<sum<<endl;
}
```

第5章习题

1. 单项选择题

(1) B　(2) A　(3) C　(4) D　(5) C　(6) C　(7) C　(8) A

2. 填空题

(1) 函数　　　　(2) 调用　　　　(3) 递归　　　　(4) void
(5) 形式 实际　　(6) 不能　能　　(7) auto
(8) 移植和调试　 (9) 全局　　　　(10) 生成　消失

3. 阅读程序说出运行结果

(1) 1275

(2) 6

0

(3) 15

(4) 2　4　6　8　10

(5) x1=30,x2=40,x3=10,x4=20

(6) c=9

4. 编程题

(1) 编写一个函数用于计算前 n 个自然数中偶数之和，主函数从键盘读入 n 值并调用编写的函数进行计算。

```
#include <iostream.h>
long sum_even(long);
void main()
{
    long nvalue;
    cout<<"Enter n: "<<endl;
    cin>>nvalue;
    cout<<"the result is"<<sum_even(nvalue)<<endl;
}
long sum_even(long n)
{
    long counter=0,sum=0;
    while(counter<=n)
    {
        sum=sum+counter;
        counter=counter+2;
    }
    return sum;
}
```

(2) 编写函数，用选择法对数组中 10 个整数按由小到大排序，在主函数中调用此函数。

```
#include <iostream.h>
void sort(int array[],int n)
{
    int i,j,k,t;
    for(i=0;i<n-1;i++)
    {
        k=i;
        for(j=i+1;j<n;j++)
            if(array[j]<array[k]) k=j;
        t=array[k];array[k]=array[i];array[i]=t;
    }
}
```

```
    }
    void main()
    {
        int a[10],i;
            cout<<"enter the array"<<endl;
        for(i=0;i<10;i++)
            cin>>a[i];
        sort(a,10);
        cout<<"the sorted array: "<<endl;
        for(i=0;i<10;i++)
            cout<<a[i]<<" ";
        cout<<endl;
    }
```

第 6 章习题

1. 单项选择题

(1)~(5) DCDBB　(6)~(10) ACACD　(11)~(15) CBBBA

2. 阅读程序，写出结果

(1) 运行结果：

n 现在的值是：30
pf 现在的值是：18.4262

(2) 运行结果：

a[0]=10 * (a+0)=10 * (p+0)=10 p[0]=10
a[1]=20 * (a+1)=20 * (p+1)=20 p[1]=20
a[2]=30 * (a+2)=30 * (p+2)=30 p[2]=30
a[3]=40 * (a+3)=40 * (p+3)=40 p[3]=40
a[4]=50 * (a+4)=50 * (p+4)=50 p[4]=50
a[5]=60 * (a+5)=60 * (p+5)=60 p[5]=60

(3) 运行结果：

101,101

(4) 运行结果：

sum=300

(5) 运行结果：

sum=2
sum=2.4
sum=7.2

(6) 运行结果：

t Sunday

(7) 运行结果：

20
30
31
2

(8) 运行结果：

C++ Programming
Data structure
English
Internet
Mathematics

3. 编程题

(1) 请编写一个函数实现两个字符串的比较，即用户编写一个 strcmp 函数：

strcmp(s1,s2)

具体要求如下。
(1) 在主函数内输入两个字符串，并传给函数 strcmp(s1,s2)。
(2) 如果 s1=s2，则 strcmp 返回 0，按字典顺序比较；如果 s1≠s2，返回它们二者第一个不同字符的 ASCII 码差值(如"BOY"与"BAD"，第二个字母不同，"O"与"A"之差为 76-65=14)；如果 s1>s2，则输出正值；如果 s1<s2 则输出负值。

```cpp
#include <iostream.h>
#define N 80
int strcmp(char * str1,char * str2)
{
    int i=0,value=0;
    for(;str1[i]!='\0'&&str2[i]!='\0';i++)
        if(value=str1[i]-str2[i])
            break;
    return value;
}
main()
{
    char str1[N],str2[N];
    cin>>str1;
    cin>>str2;
    cout<<strcmp(str1,str2)<<endl;
```

}

(2) 数组 a 中有 10 个整数,判断整数 x 在数组 a 中是否存在。若存在,输出 x 在数组中的位置(即 x 是 a 中的第几个数),若不存在,输出"Not found!"。x 由键盘输入。

```
#include <iostream.h>
void main()
{
    int a[10]={22,35,24,68,95,12,18,49,52,88};
    int x,i;
    cout<<"\nInput x: ";
    cin>>x;
    *a=x;   i=9;
    while (x!=*(a+i))   i--;
        if ( i>=0 ) cout<<x<<"'s position is: "<<i<<endl;
        else   cout<<x<<" Not found! \n";
}
```

(3) 输入 5 个字符串,从中找出最大的字符串并输出。要求用二维字符数组存放这 5 个字符串,用指针数组分别指向这 5 个字符串,用一个二级指针指向这个指针数组。

```
#include <iostream.h>
#include <string.h>
void main()
{
    char a[5][80],*p[5],**q,**max;
    int i;
    for(i=0;i<5;i++)
    {
        p[i]=a[i];
        cin>>p[i];
    }
    max=&p[0];
    q=&p[1];
    for(i=1;i<5;i++,q++)
        if (strcmp(*max,*q)<0) max=q;
    cout<<*max<<endl;
}
```

(4) 某数理化三项竞赛训练组有三个人,找出其中至少有一项成绩不合格者。要求使用指针函数实现。

```
#include <iostream.h>
int *seek( int (*pnt_row)[3] )
{
    int i, *pnt_col;
```

```
        pnt_col= * (pnt_row+1);
        for(i=0; i<3; i++)
            if( * ( * pnt_row+i)<60)
            {
                pnt_col= * pnt_row;
                break;
            }
        return(pnt_col);
    }
    void main()
    {
        int grade[3][3]={{55,65,75},{65,75,85},{75,80,90}};
        int i,j, * pointer;
        for(i=0; i<3; i++)
        {
            pointer=seek(grade+i);
            if(pointer== * (grade+i))
            {
                cout<<"NO. "<<i+1<<" grade list: ";
                for(j=0; j<3; j++) cout<< * (pointer+j)<<"\t";
                cout<<endl;
            }
        }
    }
```

（5）编写程序，输入月份号，输出该月的英文名称。例如，若输入 3，输出 March，要求用指针数组处理。

```
    #include <iostream.h>
    void main()
    {
        int i;
        char * ch[12]={"Janunary","February","March","April",
        "May","June","July","August","September","October","December","November"};
        cin>>i;
        cout<<ch[i-1]<<endl;
    }
```

第 7 章习题

1. 概念题

（1）解答要点：类是一种复杂的数据类型，它是将不同类型的数据和与这些数据相关的操作封装在一起的集合体。类是对某一类对象的抽象，而对象是某一种类的实例。

（2）解答要点：将类所有未编写函数体的成员函数在类体外全部编写出来。

(3) 解答要点：类中所有的成员函数（静态成员函数除外）都隐含了第一个参数，这个隐含的第一个参数就是 this 指针，在成员函数的实现代码中，所有涉及对类的数据成员的操作都隐含为对 this 指针所指对象的操作。

(4) 解答要点：构造函数的作用是为类对象的数据成员赋初值，构造函数在定义类对象时由系统自动调用；在一个对象死亡或者说退出生存期时，系统会自动调用析构函数，因此可以在析构函数定义中，设置语句释放该对象所占用的一些资源。

(5) 解答要点：当有用一个已经存在对象创建一个同类型的新对象的需求时。当对象含有指针数据成员，并用它初始化同类型的另一个对象时，默认的拷贝构造函数只能将该对象的数据成员复制给另一个对象，而不能将该对象中指针所指向的内存单元也复制过去。这样，就可能出现同一内存单元释放两次，导致程序运行出错。

(6) 解答要点：堆区用来存放在程序运行期间，根据需要随时建立的变量（对象），建立在堆区的对象称为堆对象，当堆对象不再使用时，应予以删除，回收所占用的动态内存。创建和回收堆对象的方法是使用 new 和 delete 运算符。

(7) 解答要点：定义静态数据成员是为了同一个类的不同对象之间共享公共数据成员；用关键字 static 可以把数据成员定义成静态数据成员；在定义的类被使用前，要对其中的静态数据成员进行初始化，初始化时不必添加关键字 static。

(8) 解答要点：用关键字 static 可以把这成员函数定义成静态成员函数。

① 静态成员函数只能访问类的静态数据成员，不能访问类的非静态数据成员。因为静态成员函数是类的成员，不涉及具体的对象，访问静态成员函数常用类名引导。

② 非静态成员函数可以访问类的静态数据成员，也可以访问非静态数据成员。因为类的静态成员总是存在的。

③ 静态成员函数和非静态成员函数，最主要的差别是非静态成员函数隐含了第一个参数 this 指针，静态成员函数不含 this 指针。

(9) 解答要点如下。

以下几点必须说清楚：

① 成员函数是在类内部定义的，作用域在类的内部，成员函数可以访问类的数据成员（公有、保护和私有数据成员），可以调用该类的其他成员函数（公有、保护和私有成员函数），可以调用全局函数。如果友元函数是另一个类的公有成员函数，则该类的成员函数也只能通过那个类的对象调用，不能调用那个类的保护和私有成员函数。非本类成员函数（其他类成员函数或全局函数）可以通过该类的对象访问该类的公有数据成员和调用该类的公有成员函数。

② 不是在类中定义的成员函数都是全局函数。

③ 如果某一个函数（全局函数或类的成员函数）定义为另一个类的友元函数，需要在那个类中用 friend 关键字声明，友元函数并不是类的成员，它的定义自然是在那个类的外面。

(10) 解答要点：struct 和 class 都可以定义类，但是默认访问权限说明时，struct 的成员是公有的，而 class 的成员是私有的。在 C++中，struct 可被 class 代替。

2. 填空题

(1) 引用

(2) 构造函数　　析构函数

(3) A(),B()

(4) this,　A　*

(5) 静态数据成员　　静态成员函数

(6) friend

3. 编程题

(1) 创建一个 Employee 类,该类中有字符数组表示姓名、街道地址、市、省和邮政编码。把表示构造函数、ChangeName()、Display()的函数原型放在类定义中,构造函数初始化每个成员,Display 函数把完整的对象数据打印出来。其中的数据成员是保护的,函数是公共的。

```
#include <iostream.h>
#include <string.h>
class Employee
{
protected:
    char name[20];
    char address[100];
    char city[20];
    char province[20];
    char zipcode[10];
public:
    Employee(char * nm,char * addr,char * city, char * prov, char * zip);
    void ChangeName(char * newName);
    char * Display(char * buffer);
};
Employee::Employee(char * nm, char * adr, char * cit, char * prov, char * zip)
{
    strcpy(name,nm);
    strcpy(address,adr);
    strcpy(city,cit);
    strcpy(province,prov);
    strcpy(zipcode,zip);
}
void Employee::ChangeName(char * newName)
{
    strcpy(name, newName);
}
```

```
char * Employee::Display(char * buffer)
{
    strcpy(buffer, name);
    strcat(buffer, address);
    return buffer;
}
```

(2) 设计并测试类 Point,其数据成员是直角坐标系的点坐标。友元函数 distance 用来计算两点间的距离。

```
#include<iostream.h>
#include<math.h>
class Point
{
private:
    float x, y;
public:
    Point(float xx, float yy)
    { x=xx;   y=yy; }
    float GetX() { return x; }
    float GetY() { return y; }
    friend float distance(Point&, Point&);
};
float distance(Point& a, Point& b)
{
    float dx=a.x -b.x;
    float dy=a.y -b.y;
    cout<<" 用友元函数 distance(). 显示两点的坐标 : \n ";
    cout<<a.x<<", "<<a.y<<"    "<<b.x<<", "<<b.y<<endl;
    return sqrt(dx * dx+dy * dy);
}
void main()
{
    float d;
    Point p1(10.5, 20.5), p2(2.5, 6.5);
    d=distance(p1, p2);
    cout<<"  两点的距离 :    d="<<d<<endl;cin.get();
}
```

(3) 定义一个 Rectangle 类,有宽 width、长 length 等属性,重载其构造函数 Rectangle、Rectangle(int width , int length)。

```
#include<iostream.h>
class Rectangle
{
public:
```

```cpp
        Rectangle();
        Rectangle(int width,int length);
        ~Rectangle(){}
        int GetWidth()const{return m_width;}
        int GetLength(){return m_length;}
private:
        int m_width;
        int m_length;
};
Rectangle::Rectangle()
{
        m_width=5;
        m_length=10;
}
Rectangle::Rectangle(int width,int length)
{
        m_width=width;
        m_length=length;
}
int main()
{
        Rectangle rect1;
        cout<<"rect1 width: "<<rect1.GetWidth()<<endl;
        cout<<"rect1 length: "<<rect1.GetLength()<<endl;
        int a,b;
        cout<<"Enter a width: ";
        cin>>a;
        cout<<"\nEnter a length: ";
        cin>>b;
        Rectangle rect2(a,b);
        cout<<"\nrect2 width: "<<rect2.GetWidth()<<endl;
        cout<<"rect2 length: "<<rect2.GetLength()<<endl;
        return 0;
}
```

(4) 编写一个程序,设计一个 Cdate 类,它应该满足下面的条件:
① 用这样的格式输出日期:日-月-年。
② 输出在当前日期上加两天后的日期。
③ 设置日期。

```cpp
#include<iostream.h>
class Cdate
{
        int year,month,day;
```

```cpp
        int y1,m1,d1;
    public:
        void setdate(int y,int m,int d){year=y;month=m;day=d;}
void show()
        {   cout<<"当前日期:  "<<day<<"-"<<month<<"-"<<year<<endl;
            cout<<"两天后日期:"<<d1<<"-"<<m1<<"-"<<y1<<endl;
        }
        void datetwo()            //加一天后的年月日
        {
            d1=day;y1=year;m1=month;
            for(int i=0;i<2;i++)
            {
                d1++;
                switch(d1)
                   {case 29: if(!(month==2 &&(year%400==0‖year%4==0&&year%100!=0)))
                              {m1=3;d1=1;};break;
                    case 30: if(month==2 &&(year%400==0‖year%4==0&&year%100!=0))
                              {m1=3;d1=1;};break;
                    case 31: if(month==4‖month==6‖month==9‖month==11)
                              {m1=m1+1;d1=1;};break;
                    case 32: m1=m1+1;d1=1;if(month==12){y1=y1+1;m1=1;};break;
                   }
            }
        }
};
void main()
{
    Cdate d;
    int y,m,d1;
    cout<<"请输入年月日: ";
    cin>>y>>m>>d1;
    d.setdate(y,m,d1);        //加一天
    d.setdate(y,m,d1);        //再加一天
    d.datetwo();
    d.show();
}
```

(5) 定义一个分数(score)类。

三个数据成员:

```
computer            //计算机课程成绩
english             //英语课程成绩
mathematics         //数学课程成绩
```

两个构造函数: 无参的和带参的。

三个成员函数: 是否带参根据需要自定。

```
sum();              //计算三门课程总成绩
print();            //输出三门课程成绩及总成绩
modify();           //修改三门课程成绩
```

定义一个学生(student)类。

三个数据成员：

```
number              //学号
name                //姓名
ascore              //分数
```

两个构造函数：无参的和带参的。

三个成员函数：是否带参根据需要自定。

```
sum();              //计算某生三门课程总成绩
print();            //输出某生学号、姓名及分数
modify();           //修改某学生学号、姓名及分数
```

使用多文件结构，分数(score)类定义归入头文件 score.h，实现归入程序文件 score.cpp；学生(student)类定义归入头文件 student.h，实现归入程序文件 student.cpp；主程序文件为 main.cpp。

主程序文件中，先定义一个学生类对象数组，再通过 for 循环给对象数组赋上实际值，最后按以下格式输出结果。

学号	姓名	计算机	英语	数学	总分
0101	aaaa	60	60	60	180
0102	bbbb	70	70	70	210

```
//student.h
#include"score.h"
class Student
{
private:
    int number;
    char name[20];
    Score ascore;
public:
    Student();
    Student(int number1,char * pname1,float score1,float score2,float score3);
    float sum();
    void print();
    void modify(int number2,char * pname2,float score21,float score22,float score23);
};
//student.cpp
#include<iostream.h>
#include"student.h"
#include<iomanip.h>
#include<string.h>
```

```cpp
Student::Student():ascore()
{
    number=0;
}
Student::Student(int number1,char * pname1,float score1,float score2,float score3):ascore(score1,score2,score3)
{
    number=number1;
    strncpy(name,pname1,sizeof(name));
    name[sizeof(name)-1]='\0';
}
float Student::sum()
{
    return (ascore.sum());
}
void Student::print()
{
    cout<<endl;
    cout<<setw(8)<<number<<setw(8)<<name;
    ascore.print();
}
void Student::modify(int number2,char * pname2,float score21,float score22,float score23)
{
    number=number2;
    strncpy(name,pname2,sizeof(name));
    name[sizeof(name)-1]='\0';
    ascore.modify(score21,score22,score23);
}
//score.h
class Score
{
private:
    float computer;
    float english;
    float mathematics;
public:
    Score();
    Score(float x1,float y1,float z1);
    float sum();
    void print();
    void modify(float x2,float y2,float z2);
};
//score.cpp
```

```cpp
#include<iostream.h>
#include"score.h"
#include<iomanip.h>
Score::Score()
{
    computer=0;english=0;mathematics=0;
}
Score::Score(float x1,float y1,float z1)
{
    computer=x1;english=y1;mathematics=z1;
}
float Score::sum()
{
    return (computer+english+mathematics);
}
void Score::print()
{
    cout<<setw(8)<<computer
        <<setw(8)<<english
        <<setw(8)<<mathematics
        <<setw(8)<<sum();
}
void Score::modify(float x2,float y2,float z2)
{
    computer=x2;english=y2;mathematics=z2;
}
//main.cpp
#include<iostream.h>
#include"student.h"
#include<iomanip.h>
const size=3;
void main()
{
    int numberi;
    char namei[20];
    float score1,score2,score3;
    Student aSA[size];
    for(int i=0;i<size;i++)
    {
        cout<<"please input the data of NO."<<i+1<<"student";
        cout<<"\nnumber: ";cin>>numberi;
        cout<<"name: ";cin>>namei;
        cout<<"score of computer: ";cin>>score1;
        cout<<"score of english: ";cin>>score2;
```

```
            cout<<"score of mathematics: ";cin>>score3;
            aSA[i].modify(numberi,namei,score1,score2,score3);
        }
        cout<<"\n\n";
        cout<<setw(8)<<"学号"<<setw(8)<<"姓名"<<setw(8)<<"计算机"
            <<setw(8)<<"英语"<<setw(8)<<"数学"<<setw(8)<<"总分";
        cout<<endl;
        for(int j=0;j<size;j++)
            aSA[j].print();
        cout<<endl;
    }
```

第 8 章习题

1. 概念题

(1) 解答要点如下。

① 采用 public 公有派生,基类成员的访问权限在派生类中保持不变,即基类所有的公有或保护成员在派生类中仍为公有或保护成员。public 派生最常用,可以在派生类的成员函数中访问基类的非私有成员,可通过派生类的对象直接访问基类的公有成员。

② 采用 private 私有派生,基类所有的公有和保护成员在派生类中都成为私有成员,只允许在派生类的成员函数中访问基类的非私有成员。private 派生很少使用。

③ 采用 protected 保护派生,基类所有的公有和保护成员在派生类中都成为保护成员,只允许在派生类的成员函数和该派生类的派生类的成员函数中访问基类的非私有成员。

(2) 解答要点如下。

派生类构造函数的执行次序:首先,调用基类构造函数,调用顺序按照它们被继承时声明的基类名顺序执行;其次,调用内嵌对象构造函数,调用次序为各个对象在派生类内声明的顺序;最后,执行派生类构造函数体中的内容。

派生类析构函数执行过程与构造函数执行过程相反。即当派生类对象的生存期结束时,首先调用派生类的析构函数,然后调用内嵌对象的析构函数,再调用基类的析构函数。

(3) 解答要点如下。

在多重继承中,如果多条继承路径上有一个公共的基类,则在这些路径的汇合点上的派生类会产生来自不同路径的公共基类的多个拷贝,如果用 virtual 把公共基类定义成虚基类,则只会保留公共基类的一个拷贝。引进虚基类的目的是为了解决二义性问题,使得公共基类在它的派生类对象中只产生一个基类子对象。

2. 填空题

(1) 派生类　　基类

(2) public、protected、private

(3) virtual

(4) 基类   派生类自身
(5) 成员函数

3. 编程题

(1) 定义一个基类有姓名、性别、年龄，再由基类派生出教师类和学生类，教师类增加工号、职称和工资，学生类增加学号、班级、专业和入学成绩。

```
#include<iostream.h>
#include<string.h>
#include<iomanip.h>
class base                      //定义一个基类
{protected:
    char name[20];              //姓名
    char sex[3];                //性别
    int age;                    //年龄
    ...
};
class teacher: public base      //基类派生出教师类
{   int sno;                    //工号
    char zc[20];                //职称
    double wages;               //工资
    ...
};
class student : public base     //基类派生出学生类
{   int sno;                    //学号
    char bj[10];                //班级
    char zy[10];                //专业
    double score;               //入学成绩
    ...
};
```

(2) 下列 Shape 类是一个表示形状的抽象类，area()为求图形面积的函数，total()则是一个通用的用以求不同形状的图形面积总和的函数。请从 Shape 类派生三角形类（triangle）、矩形类（rectangle），并给出具体的求面积函数。

```
class Shape{
public:
    virtual float area()=0;
};
float total(Shape * s[],int n)
{
    float sum=0.0;
    for(int i=0;i<n;i++)
    sum+=s[i]->area();
    return sum;
```

```cpp
}
class Triangle: public Shape
{
public:
    Triangle(double h,double w){H=h;W=w;}
    double area() const{return H*W*0.5;}
private:
    double H,W;
};
class Rectangle: public Shape
{
public:
    Rectangle(double h,double w){H=h;W=w;}
    double area()const{return H*W;}
private:
    double H,W;
};
```

(3) 设计一个程序,定义一个汽车类 Vehicle,它具有一个需要传递参数的构造函数,类中的数据成员包括:车轮个数 wheel 和车重 weight,两者作为保护成员;小车类 Car 是它的私有派生类,其中包括承载人数 passengers;卡车类 Truck 是 Vehicle 的私有派生类,其中包括承载人数 passengers 和载重量 payload。每个类都有相关数据的输出方法。

```cpp
#include<iostream.h>
class Vehicle
{
protected:
    int wheels;
    double weight;
public:
    void initialize(int whls, double wght);
    int get_wheels() { return wheels; }
    double get_weight() { return weight; }
    double wheel_loading() { return weight/wheels; }
};
class Car: public Vehicle
{
private:
    int passenger_load;
public:
    void initialize(int whls, double wght, int people =4);
    int passengers() { return passenger_load; }
};
class Truck: public Vehicle
```

```
    {
    private:
        int passenger_load;
        double payload;
    public:
        void init_truck(int number =2, double max_load =24000.0);
        double efficiency();
        int passengers() { return passenger_load; }
    };
    void Vehicle::initialize(int whls, double wght)
    {
        wheels=whls;
        weight=wght;
    }
    void Car::initialize(int whls, double wght, int people)
    {
        wheels=whls;
        weight=wght;
        passenger_load=people;
    }
    void Truck::init_truck(int number, double max_load)
    {
        passenger_load=number;
        payload=max_load;
    }
    double Truck::efficiency()
    {
        return payload/(payload+weight);
    }
    void main()
    {
        Vehicle bicycle;
        bicycle.initialize(2,25);
        cout<<"the bicycle has "<<bicycle.get_wheels()<<" wheels.\n";
        cout<<"the bicycle weighs "<<bicycle.get_weight()<<" pounds.\n";
        cout<<"the bicycle's wheel loading is "<<bicycle.wheel_loading()<<" pounds per tire.\n\n";
        Car audi;
        audi.initialize(4,3500.0,5);
        cout<<"the audi has "<<audi.get_wheels()<<" wheels.\n";
        cout<<"the audi weighs "<<audi.get_weight()<<" pounds.\n";
        cout<<"the audi's wheel loading is "<<audi.wheel_loading()<<" pounds per tire.\n\n";
        Truck jief;
```

```
    jief.initialize(18,12500.0);
    jief.init_truck(2,33675.0);
    cout<<"the jief has "<<jief.get_wheels()<<" wheels.\n";
    cout<<"the jief weighs "<<jief.get_weight()<<" pounds.\n";
    cout<<"the jief's efficiency is "<<100.0*jief.efficiency()<<" percent.\n";
}
```

第 9 章习题

1. 概念题

(1) 解答要点如下。

多态是指同样的消息被不同类型的对象接收时导致完全不同的行为,是对类的特定成员函数的再抽象。C++支持的多态有多种类型,重载(包括函数重载和运算符重载)和虚函数是其中主要的方式。

(2) 解答要点如下。

含有纯虚函数的类称为抽象类。抽象类的主要作用是通过它为一个类族建立一个公共的接口,使它们能够更有效地发挥多态特性。抽象类声明了一组派生类共同操作接口的通用语义,而接口的完整实现,即纯虚函数的函数体,要由派生类自己给出,抽象类只能作为基类被继承使用。抽象类的派生类不一定要给出纯虚函数的实现,没有给出纯虚函数的实现的派生类仍然还是抽象类。

(3) 解答要点如下。

在 C++中不能声明虚构造函数。多态是不同的对象对同一消息有不同的行为特性,虚函数作为运行过程中多态的基础,主要是针对对象的,而构造函数是在对象产生之前运行的,因此虚构造函数是没有意义的。

在 C++中可以声明虚析构函数。析构函数的功能是在该类对象消亡之前进行一些必要的清理工作,如果一个类的析构函数是虚函数,那么,由它派生而来的所有子类的析构函数也是虚函数。析构函数设置为虚函数之后,在使用指针引用时可以动态联编,实现运行时的多态,保证使用基类的指针就能够调用适当的析构函数对不同的对象进行清理工作。

2. 填空题

(1) 运行时

(2) 静态联编,动态联编

(3) public vehicle ,public vehicle

(4) 基类 A 中的成员函数派生类 B 中的成员函数

(5) C 类   B 类

(6) 抽象函数

3. 编程题

(1) 声明一个 Shape 类(形状)基类,它有两个派生类:Circle(圆)和 Square(正方形),要求如下。

① 根据给出的圆心坐标计算圆的面积。

② 根据给出的正方形中心坐标和一个顶点坐标计算该正方形的面积。

提示:Shape 类的数据成员包括中心的坐标,Circle 类和 Square 类由 Shape 类派生,Circle 类新增一个数据成员,即圆的半径,Square 类新增两个数据成员,即顶点坐标。

```
#include<iostream.h>
class Shape
{
public:
    virtual double GetArea()=0;
};
class Circle: public Shape
{
    double radius;
public:
    Circle(double r): radius(r){}
    double GetArea(){return 3.1416 * radius * radius;}
};
class Square: public Rectangle
{
public:
    Square(double l): Rectangle(l,l){}
};
int main()
{
    Rectangle r(3.5,4.0);
    Circle c(2.0);
    Square s(5.0);
    cout<<r.GetArea()<<endl;
    cout<<c.GetArea()<<endl;
    cout<<s.GetArea()<<endl;
    return 0;
}
```

(2) 定义描述计算机的基类 Computer,其数据成员为处理器(CPU)、硬盘(HDisk)、内存(Mem),定义显示数据的成员函数 Show 为虚函数。然后再由 Computer 派生出台式机类 PC 与笔记本类 NoteBook。PC 类的数据成员为显示器(Display)、键盘(Keyboard)。NoteBook 类的数据成员为液晶显示屏(LCD),在两个派生类中定义显示机器配置的成员函数 Show()为虚函数。在主函数中,定义 PC 与笔记本对象,并用构造函数初始化对象。用基类 Computer 定义指针变量 p,然后用指针 p 动态调用基类与派生类中虚函数 Show,显示 PC 与笔记本电脑的配置。

```
#include <iostream.h>
```

```cpp
#include <string.h>
class Computer
{
protected:
    char CPU[20],HDisk[20],Mem[20];
public:
    Computer(char c[],char h[],char m[])
    {
        strcpy(CPU,c);
        strcpy(HDisk,h);
        strcpy(Mem,m);
    }
    virtual void Show(void)
    {
        cout<<"CPU: "<<CPU<<'\t'<<"HDisk: "<<HDisk<<'\t'<<"Mem: "<<Mem<<endl;
    }
};
class PC: public Computer
{
private:
    char Display[20],Keyboard[20];
public:
    PC(char c[],char h[],char m[],char d[],char k[]):Computer(c,h,m)
    {
        strcpy(Display,d);
        strcpy(Keyboard,k);
    }
    void Show(void)
    {
        cout<<"CPU: "<<CPU<<'\t'<<"HDisk: "<<HDisk<<'\t'<<"Mem: "<<Mem<<endl;
        cout<<"Display: "<<Display<<'\t'<<"Keyboard: "<<Keyboard<<endl;
    }
};
class NoteBook: public Computer
{
private:
    char LCD[20];
public:
    NoteBook(char c[],char h[],char m[],char l[]):Computer(c,h,m)
    {
        strcpy(LCD,l);
    }
    void Show(void)
    {
```

```
            cout<<"CPU: "<<CPU<<'\t'<<"HDisk: "<<HDisk<<'\t'<<"Mem: "<<Mem<<
endl;
            cout<<"LCD: "<<LCD<<endl;
        }
};
void main(void)
{
    PC pc("赛扬 1G","Seagate40G","HY256MSDRAM","AOC15","美上美");
    NoteBook nb("P4/2G","金钻/80G(7200)","DDR/256M","飞利浦 107T/107F4");
    Computer * p;
    p=&pc;
    p->Show();
    p=&nb;
    p->Show();
}
```

(3) 将第 2 题中基类的虚函数改为纯虚函数,重新编写实现上述要求的程序。只需要将类 Computer 定义如下即可,其他都不动。

```
class Computer
{
protected:
    char CPU[20],HDisk[20],Mem[20];
public:
    Computer(char c[],char h[],char m[])
    {
        strcpy(CPU,c);
        strcpy(HDisk,h);
        strcpy(Mem,m);
    }
    virtual void Show(void)=0;
};
```

第 10 章习题

1. 填空题

(1) 优先级

(2) 1   2

(3) A operator＋＋(int)   friend A operator＋＋(A &,int)

(4) Time Time∷operator＋(int)

2. 编程题

(1) 设计一个三维空间向量类 Vector_3D,重载加法运算符。

```cpp
#include "iostream.h"
class Vector_3D
{
private:
    double x,y,z;
public:
    Vector_3D(double tx=0,double ty=0,double tz=0)
    {
        x=tx;
        y=ty;
        z=tz;
    }
    friend Vector_3D operator+ (Vector_3D &,Vector_3D &);
    friend ostream& operator<< (ostream&,Vector_3D&);
};
Vector_3D operator  +(Vector_3D& V1,Vector_3D& V2)
{
    double x,y,z;
    x=V1.x+V2.x;
    y=V1.y+V2.y;
    z=V1.z+V2.z;
    return Vector_3D(x,y,z);
}
ostream& operator<< (ostream& ostr,Vector_3D& V)
{
    ostr<<"("<<V.x<<","<<V.y<<","<<V.z<<")";
    return ostr;
}
void main()
{
    Vector_3D v1(1.5,1.5,1.5),v2(3.2,3.2,3.2),v3;
    v3=v1+v2;
    cout<<v1<<"+"<<v2<<"="<<v3<<endl;
}
```

运行结果：

(1.5,1.5,1.5)+(3.2,3.2,3.2)=(4.7,4.7,4.7)

(2) 设计人民币类，其数据成员为 fen(分)、jiao(角)、yuan(元)。重载这个类的加法、减法运算符。

```cpp
#include "iostream.h"
class RMB
{
private:
```

```cpp
        unsigned int fen, jiao,yuan;
        int flag;
public:
    RMB()
    {
        fen=0;
        jiao=0;
        yuan=0;
        flag=1;
    }
    RMB(int R)
    {
        flag=R>=0?1:-1;
        R=R<0?-R:R;
        yuan=R>=100?R/100:0;
        jiao=R>=10?R/10%10:0;
        fen=R>0?R%10:0;
    }
    friend RMB operator+ (RMB &,RMB &);
    friend RMB operator- (RMB &,RMB &);
    friend ostream& operator<<(ostream&,RMB&);
};
RMB operator + (RMB& R1,RMB& R2)
{
    int x,y;
    x=(R1.fen+R1.jiao*10+R1.yuan*100)*R1.flag;
    y=(R2.fen+R2.jiao+R2.yuan*100)*R2.flag;
    return RMB(x+y);
}
RMB operator - (RMB& R1,RMB& R2)
{
    int x,y;
    x=(R1.fen  +R1.jiao*10+R1.yuan*100)*R1.flag;
    y=(R2.fen  +R2.jiao+R2.yuan*100)*R2.flag;
    return RMB(x-y);
}

ostream& operator <<(ostream& ostr,RMB  & Y)
{
    if (Y.flag ==-1)
        ostr<<"负";
    ostr<<Y.yuan<<"元"<<Y.jiao<<"角"<<Y.fen<<"分";
    return ostr;
}
```

```cpp
void main()
{
    RMB y1(512),y2(-486),y3;
    y3=y1+y2;
    cout<<y1<<"+"<<y2<<"="<<y3<<endl;
    y3=y1-y2;
    cout<<y1<<"-"<<y2<<"="<<y3<<endl;
}
```

运行结果:

5元1角2分+负4元8角6分=0元9角8分
5元1角2分-负4元8角6分=9元2角6分

(3) 为第1题和第2题添加插入和抽取运算符重载函数。
第1题增加插入和抽取运算符重载函数后代码如下:

```cpp
#include "iostream.h"
class Vector_3D
{
private:
    double x,y,z;
public:
    Vector_3D(double tx=0,double ty=0,double tz=0)
    {
        x=tx;
        y=ty;
        z=tz;
    }
    friend Vector_3D operator+ (Vector_3D &,Vector_3D &);
    friend ostream& operator<< (ostream&,Vector_3D&);
    friend istream& operator>> (istream&,Vector_3D&);
};
Vector_3D operator+ (Vector_3D& V1,Vector_3D& V2)
{
    double x,y,z;
    x=V1.x+V2.x;
    y=V1.y+V2.y;
    z=V1.z+V2.z;
    return Vector_3D(x,y,z);
}
ostream& operator<< (ostream& ostr,Vector_3D& V)
{
    ostr<<"("<<V.x<<","<<V.y<<","<<V.z<<")";
    return ostr;
}
```

```cpp
istream& operator>>(istream& istr,Vector_3D& V)
{
    cout<<"x 向量";
    istr>>V.x;
    cout<<"y 向量";
    istr>>V.y;
    cout<<"z 向量";
    istr>>V.z;
    return istr;
}void main()
{
    Vector_3D v1,v2,v3;
    cin>>v1;
    cin>>v2;
    v3=v1+v2;
    cout<<v1<<"+"<<v2<<"="<<v3<<endl;
}
```

运行结果：

```
x 向量 5.2
y 向量 3.3
z 向量 6.7
x 向量 4.2
y 向量 3.1
z 向量 2.6
(5.2,3.3,6.7)+(4.2,3.1,2.6)=(9.4,6.4,9.3)
```

第 2 题增加插入和抽取运算符重载函数后代码如下：

```cpp
#include "iostream.h"
class RMB
{
private:
    unsigned int fen,jiao,yuan;
    int flag;
public:
    RMB()
    {
        fen=0;
        jiao=0;
        yuan=0;
        flag=1;
    }
    RMB(int R)
    {
```

```cpp
        flag=R>=0?1:-1;
        R=R<0?-R:R;
        yuan=R>=100?R/100:0;
        jiao=R>=10?R/10%10:0;
        fen=R>0?R%10:0;
    }
    friend RMB operator+ (RMB &,RMB &);
    friend RMB operator- (RMB &,RMB &);
    friend ostream& operator<< (ostream&,RMB&);
    friend istream& operator>> (istream&,RMB&);
};
RMB operator+ (RMB& R1,RMB& R2)
{
    int x,y;
    x= (R1.fen+R1.jiao*10+R1.yuan*100)*R1.flag;
    y= (R2.fen+R2.jiao*10+R2.yuan*100)*R2.flag;
    return RMB(x+y);
}
RMB operator- (RMB& R1,RMB& R2)
{
    int x,y;
    x= (R1.fen+R1.jiao*10+R1.yuan*100)*R1.flag;
    y= (R2.fen+R2.jiao*10+R2.yuan*100)*R2.flag;
    return RMB(x-y);
}
ostream& operator<<(ostream& ostr,RMB& Y)
{
    if(Y.flag==-1)
        ostr<<"负";
    ostr<<Y.yuan<<"元"<<Y.jiao<<"角"<<Y.fen<<"分";
    return ostr;
}
istream& operator>>(istream& istr,RMB& R)
{
    cout<<"元: ";
    istr>>R.yuan;
    cout<<"角: ";
    istr>>R.jiao;
    cout<<"分: ";
    istr>>R.fen;
    return istr;
}
```

```
void main()
{
    RMB y1,y2,y3;
    cin>>y1;
    cin>>y2;
    y3=y1+y2;
    cout<<y1<<"+"<<y2<<"="<<y3<<endl;
    y3=y1-y2;
    cout<<y1<<"-"<<y2<<"="<<y3<<endl;
}
```

运行结果：

元：5
角：4
分：2
元：3
角：6
分：7
5元4角2分 +3元6角7分=9元0角9分
5元4角2分 -3元6角7分=1元7角5分

4. 编写一个堆栈模板类。

```
#include <iostream.h>
template <class T>
class Stack
{
private:
    T * data;
    int top, size;
    int IsEmpty(){ return (top<=0)?1:0; }
    int IsFull(){ return (top>=size)?1:0; }
public:
    Stack(int n){
        data=new T[n];
        size=n;
        top=0;
    }
    ~Stack(){ delete []data; }
    void Push( T x);
    T Pop();
};
template <class T>
void Stack<T>::Push(T x)
```

```
{
    if(IsFull()){
        cout<<"stack overflow.\n";
        return;
    }
    *(data+top++)=x;
    return;
}
template <class T>
T Stack<T>::Pop()
{
    if(IsEmpty()){
        cout<<"stack underflow.\n";
        return(-1);
    }
    return (*(data+--top));
}
```

第 11 章习题

1. 选择题

(1) B   (2) A   (3) D   (4) B   (5) C

2. 填空题

(1) ASCII 文件(又称为文本文件)，二进制文件
(2) 输出流(ostream)，文件流(fstreambase)
(3) 1357
　　　1357
　　1357******
　　*****12345
(4) 将一个已存在的文件中的内容复制到另一个文本文件

3. 编程题

(1) 从输入文件 file.in 中读入文件内容，为每一行加上行号后，输出到输出文件 file.out 中，要求行号占 5 个字符宽度，且左对齐最后，输出文件总的字符数。

```cpp
#include <iostream.h>
#include <fstream.h>
#include <iomanip.h>
#include <string.h>
int main()
{
```

```
        ifstream infile("file.in",ios::in);
        ofstream outfile("file.out",ios::out);
        //判断文件是否能够打开
        if(!infile||!outfile)
        {
            cerr<<"open file fail"<<endl;
            return -1;
        }
        char lineBuf[1000];        //存放从输入文件读入的一行字符
        int lineNumber=1;          //记录将要输出行的行号
        int charNumber=0;          //记录字符总数
        //每次从输入文件读入一行,加上行号后送到输出文件中
        while(infile.getline(lineBuf,1000))
        {
            outfile<<setw(5)<<setiosflags(ios::left)<<lineNumber++;
            outfile<<lineBuf<<endl;
            charNumber +=strlen(lineBuf);
        }
        //输出总的字符数
        outfile<<"Total charactors: "<<charNumber<<endl;
        return 0;
}
//file.in
#include <iostream.h>
int main()
{
    cout<<"Hello, world";
    return 0;
}
//file.out
1 #include <iostream.h>
2
3 int main()
4 {
5     cout<<"Hello, world";
6     return 0;
7 }
Total charactors: 67
```

(2) 产生一个二进制数据文件,将 1~50 之间的所有偶数写入文件 even.bin 中。

(提示:由于数组下标从 1 开始,所以应定义 26 个数组单元,保存时,也应保存 26 个数据。)

```
#include <fstream.h>
#include <math.h>
```

```cpp
#include <stdlib.h>
#include <iomanip.h>
void main(void)
{
    fstream outfile("even.bin",ios::out|ios::binary);
                                          //以只写方式打开二进制文件 even.bin
    int i;
    if(!outfile)
    {
        cout<<"不能打开输出文件 even.bin \n";
        exit(1);
    }
    int s[26],j=1;
    for(i=1;i<=50;i++)
        if(i%2==0)
        {
            s[j]=i;j++;
        }
    for(i=1;i<=25;i++)
        cout<<s[i]<<'\t';
    outfile.write((char *)s,sizeof(int) * 26);//一次写入 25 个整数
    outfile.close();
}
```

(3) 从第 2 题产生的数据文件中读取二进制数据,并在显示器上以每行 5 个数的形式显示。

```cpp
#include <fstream.h>
#include <math.h>
#include <stdlib.h>
#include <iomanip.h>
void main(void)
{
    int s[26],i;
    fstream infile("even.bin",ios::in|ios::binary);
                                          //以只读方式打开二进制文件 even.bin
    if(!infile)
    {
        cout<<"不能打开输入文件 even.bin \n";
        exit(1);
    }
    infile.read((char *)s,sizeof(int) * 26);   //一次读出 25 个整数
    for(i=1;i<=25;i++)
    {
        cout<<setw(10)<<s[i]<<'\t';
```

```
        if(i%5==0) cout<<endl;
    }
    infile.close();
}
```

(4) 从第 2 题的数据文件 even.bin 中,读出文件中第 n 个偶数并显示屏幕上。再将文件指针移动 m 个偶数单元,在该单元写入新的数据 a,最后将数据文件中的全部数据以每行 5 个的形式在屏幕上显示。其中,n、m 和 a 的值由键盘输入。

```
#include<fstream.h>
#include<math.h>
#include<stdlib.h>
#include<iomanip.h>
void main(void)
{
    int c,n,m,a,s[26],i;
    cout<<"Input n,m,a: ";
    cin>>n>>m>>a;
    ifstream infile("even.bin",ios::in|ios::binary);
    if(!infile)
    {
        cout<<"不能打开输入文件 even.bin \n";
        exit(1);
    }
    infile.seekg(n * sizeof(int));
    infile.read((char * )&c,sizeof(int));
    cout<<c<<'\n';
    ofstream outfile("even.bin",ios::out|ios::binary);
    if(!outfile)
    {
        cout<<"不能打开输入文件 even.bin \n";
        exit(1);
    }
    outfile.seekp(m * sizeof(int));
    outfile.write((char * )&a,sizeof(int));
    outfile.flush();
    infile.seekg(m * sizeof(int));
    infile.read((char * )&c,sizeof(int));
    cout<<c<<'\n';
    infile.read((char * )s,sizeof(int) * 26);
    for(i=1;i<=25;i++)
    {
        cout<<setw(10)<<s[i]<<'\t';
        if(i%5==0) cout<<endl;
    }
```

```
        infile.close();
        outfile.close();
}
```

第 12 章习题

1. 概念题

(1) 解答要点如下。

① 控制台应用程序。

② 基于框架窗口的应用程序。

③ 基于文档/视图结构的应用程序。

④ 基于对话框的应用程序。

(2) 解答要点如下。

在 Windows 操作系统中，无论是系统产生的动作，还是用户运行应用程序产生的动作都称为事件(events)产生的消息。如果程序需要消息做出反应，必然要调用相应的处理函数，如果没有定义处理函数，则该消息被忽略。编制消息处理函数被称作消息映射。

(3) 解答要点如下。

文档类 CDocument 的派生类对象规定了应用程序的数据。

视图类的几个重要成员函数：GetDocument()、OnDraw()、OnInitialUpdate()等。

(4) 略。

(5) 解答要点如下。

① 非模式对话框的模板资源在设计时必须选中 Visible 属性(在属性对话框的 More Styles 页中设置)，若没有选中，则必须调用对话框类的成员函数——ShowWindow；否则对话框不可见，而模式对话框无需设置此属性。

② 非模式对话框通过调用 CDialog::Create 函数来启动，而模式对话框使用 CDialog::DoModal 函数来启动。由于 Create 函数不会启动新的消息循环，非模式对话框与应用程序共用同一个消息循环，这样非模式对话框就不会垄断用户的输入。Create 函数在显示了非模式对话框后就立即返回，而 DoModal 函数是在模式对话框被关闭后才返回的。

③ 非模式对话框对象是用 new 操作符动态创建的，而模式对话框以对象变量的形式出现的。

④ 非模式对话框的关闭是由用户单击 OK 或 Cancel 按钮完成的，与模式对话框不同，程序员必须分别重载这两个函数，并且在其中调用 CWnd::DestroyWindow 函数来关闭对话框。该函数是用于关闭窗口。

⑤ 必须有一个标志表明非模式对话框是否打开。应用程序根据该标志决定是打开一个新对话框，还是仅激活原来已经打开的对话框。通常可以用拥有者窗口中指向非模式对话框对象的指针(因为非模式对话框对象是用 new 操作符动态创建)作为这个标志，当对话框关闭时给该指针赋 NULL 值，表明该对话框对象已不存在了。

2. 填空题

（1）输入消息、控制消息、系统消息、用户消息
（2）WM_LBOTTONDOWN　　OnLButtonDown
（3）CDC
（4）设备环境
（5）模态对话框　　非模态对话框
（6）构造函数　　OnInitDialog()函数
（7）CColorDialog、CFileDialog、CFindReplaceDialog、CFontDialog、CPrintDialog
（8）CEditView
（9）OnNewDocument()
（10）Invalidate()或 InvalidateRect()

4.2　基础实验部分【思考与练习】参考答案

实验 1

1. C　　2. .cpp　　3. 编辑　编译　链接　运行　　4. 空格或回车
5. C++的注释方式有两种：
（1）用"/*"和"*/"把注解括起来，在这对符号之间的单行或多行内容进行注释。
（2）用"//"表示以本符号为开始到本行结束为注释内容，也就是只能进行单行注释。
6.

```
#include<iostream.h>
int main()
{
    cout<<"我的名字叫：王小红"<<endl;
    cout<<"我的家庭地址是：上海市东川路 800 号\n";
    return 0;
}
```

实验 2

1.
abc,bnm 是标识符；struct,false,true,if,goto 是关键字；2,"opiu",'k',"k",0xad,045 是常量。
2. ① 错误　　② 正确
3. %h,b*/c 不合法，其余均合法。其中 3+4 是常量表达式，其余均为逻辑表达式。
4. −18

实验 3

1. 将 max=x;与 cin>>x>>y>>z;两语句对调。

2. y=1   x=1   x=x*j
3. s=93

实验 4

1. 源程序：

```cpp
#include<iostream.h>
#include<iomanip.h>
void main()
{
    int a[3][4]={10,80,120,41,90,-60,96,9,240,3,107,89};
    int i,j,k,row,col,find=0;
    cout<<"The array is: "<<endl;
    for(i=0;i<3;i++)
    {
        for(j=0;j<4;j++)
            cout<<setw(5)<<a[i][j];
        cout<<endl;
    }
    for(i=0;i<3;i++)
    {
        for(col=0,j=1;j<4;j++)
            if(a[i][col]<a[i][j])
                col=j;
        for(row=0,k=1;k<3;k++)
            if(a[row][col]>a[k][col])
                row=k;
        if(i==row)
        {
            find=1;
            cout<<"The point is a["<<row<<"]["<<col<<"]"<<endl;
        }
    }
    if(!find)
        cout<<endl<<"No solution.";
}
```

2. 源程序：

```cpp
#include<iostream.h>
void main()
{
    int a[3][4]={{1,8,10,20},{85,-1,19,79},{40,83,34,20}};
    int i,j,p,q,find,k,count;
    k=20,find=0,count=0;
```

```
            for(i=0;i<3;i++)
            {
                for(j=0;j<4;j++)
                {
                    if(find)
                        break;
                    count++;
                    if(a[i][j]==k)
                    {
                        p=i;
                        q=j;
                        find=1;
                        break;
                    }
                }
            }
            cout<<k<<"是第"<<count<<"个元素,在第"<<j<<"行,第"<<i<<"列"<<endl;
}
```

实验 5

1. 分析：由主函数任意输入一个整数 x,将其值传递给子函数 isprime(x),由子函数判断这个数是否为素数,是 return(1),否则 return(0)。

源程序：

```
#include<iostream.h>
#include<math.h>
int isprime(int x)
{
    int i;
    for(i=2;i<sqrt((double)x);i++)
        if(x% i==0)return(0);
    return(1);
}
void main()
{
    int isprime(int x);
    int x;
    cout<<"please input x: ";
    cin>>x;
    if (isprime(x))
        cout<<x<<" is prime";
    else
        cout<<x<<" is not prime";
```

}

2. 分析：由主函数任意输入两个整数 x,y,将其值传递给子函数 mypow(x,y),由子函数求 x 的 y 次方,并将结果输出。

源程序：

```cpp
#include<iostream.h>
int mypow(int x,int y)
{
    int i,p;
    p=1;
    for(i=1;i<=y;++i)
    p=p*x;
    return(p);
}
void main()
{
    int mypow(int x,int y);
    int x,y;
    cout<<"please input x,y: ";
    cin>>x>>y;
    cout<<"pow(x,y)="<<mypow(x,y);
}
```

3. 分析：将数列按有序化（递增或递减）排列,查找过程中采用跳跃式方式查找,即先以有序数列的中点位置为比较对象,如果要找的元素值小于该中点元素,则将待查序列缩小为左半部分,否则为右半部分。通过一次比较,将查找区间缩小一半。折半查找是一种高效的查找方法。它可以明显减少比较次数,提高查找效率。但是,折半查找的先决条件是查找表中的数据元素必须有序。

源程序：

```cpp
#include<iostream.h>              //C++ 二分法查找
#define size 5
void main()
{
    float t,a[size]={3,9,7,1,4};
    int i,j;
    //使用冒泡排序法对数组按从小到大顺序排序
    for(i=0;i<size-1;i++)
        for(j=i+1;j<size;j++)
            if(a[i]>a[j])
            {
                t=a[i];
                a[i]=a[j];
                a[j]=t;
```

```
        }
    //显示排序结果
    for(i=0;i<size;i++)
        cout<<a[i]<<" ";
    cout<<endl;
    //输入 要查找的数据
    int search,found,low,high=size-1,mid;
    for(i=1;i<=3;i++)
    {
        cout<<"search=";
        cin>>search;
        //二分法(又叫折半查找法)查找数组 a
        found=low=0;
        while(low<=high)
        {
            mid=(high+low)/2;
            if(a[mid]==search)
            {
                found=1;         //找到为 1,否则为 0
                break;
            }
            if(a[mid]<search)
                low=mid+1;       //mid 往右移动
            else
                high=mid-1;      //mid 往左移动
        }
        if(found)
```
//fond 的初始值为 0,一旦找到,found 变量被置 1,引发此条件语句,从而输出找到的结果,否则告知用户找不到
```
            cout<<"a["<<mid<<"]="<<a[mid]<<endl;
        else
            cout<<"没找到"<<search<<endl;
    }
}
```

4.
```
#include<iostream.h>
int add(int x=1,int y=2)
{
    int sum;
    sum=x+y;
    return sum;
}
int main()
```

```
    {
        int m,n;
        cout<<"please input m and n: ";
        cin>>m>>n;
        cout<<"the sum is: "<<add(m,n)<<endl;
        cout<<"the sum is: "<<add(m)<<endl;
        cout<<"the sum is: "<<add()<<endl;
        return 0;
    }
```

5.

```
#include<iostream.h>
int min(int x,int y)
{
    return x<y?x: y;
}
int min(int x,int y,int z)
{
    return min(x,y)<z?min(x,y): z;
}
void main()
{
    cout<<"两个数中的最小值: "<<min(2,8)<<endl;
    cout<<"三个数中的最小值: "<<min(4,27,9)<<endl;
}
```

6.

```
#include<iostream.h>
template<typename T>
T abs(T x)
{
    return x<0?-x: x;
}
int main()
{
    int i=-3;
    double d=5.3;
    cout<<abs(i)<<endl;
    cout<<abs(d)<<endl;
    return 0;
}
```

实验 6

1. 编写一个函数,对传送过来的 3 个数求出最大和最小数,并通过形参传送回调用函数。

```cpp
#include <iostream.h>
void f(int a,int b,int c,int *pmax,int *pmin)
{
    *pmax=*pmin=a;
    if(*pmax<b) *pmax=b;
    if(*pmax<c) *pmax=c;
    if(*pmin>b) *pmin=b;
    if(*pmin>c) *pmin=c;
    return;
}
int main()
{
    int a,b,c,max,min;
    cout<<"input a,b,c=?";
    cin>>a>>b>>c;
    f(a,b,c,&max,&min);
    cout<<"max="<<max<<" min="<<min<<endl;
}
```

2. 编写函数,对传递进来的两个整型量计算它们的和与积之后,通过参数返回。

```cpp
#include <iostream.h>
void compute(int m, int n, int *sum, int *p);
void compute(int m, int n, int *sum, int *p)
{
    *sum=m+n;
    *p=m*n;
}
void main()
{
    int x,y,sum,product;
    cout<<"enter 2 integers: \n";
    cin>>x>>y;
    compute(x,y,&sum,&product);
    cout<<"x="<<x<<" y="<<y<<" sum="<<sum<<" product="<<product;
}
```

3. 从键盘输入 10 个数,使用冒泡法对这 10 个数进行排序。请用 C++ 语言指针编程实现。

```cpp
#include <iostream.h>
#define N 10
void sort(int *a,int n)
{
```

```
    int i,j,t;
    for(i=0;i<n;i++)
        for(j=i+1;j<n;j++)
            if(*(a+i)>*(a+j))
            {
                t=*(a+i);
                *(a+i)=*(a+j);
                *(a+j)=t;
            }
}
void main()
{
    int a[N],*p=a,i;
    cout<<"Input "<<N<<" numbers: \n";
    for(i=0;i<N;i++)
        cin>>p+i;
    sort(p,N);
    cout<<"The sorted numbers are: \n";
    for(i=0;i<N;i++)
        cout<<*p++<<"  ";
    cout<<endl;
}
```

4. 编写一个程序,将用户输入的字符串中的所有数字提取出来。

```
#include <iostream.h>
#include <string.h>
void main()
{
    char string[81],digit[81];
    char *ps;
    int i=0;
    cout<<"enter a string: \n";
    cin>>string;
    ps=string;
    while(*ps!='\0')
    {
        if(*ps>='0'&& *ps<='9')
        {
            digit[i]=*ps;
            i++;
        }
        ps++;
    }
    digit[i]='\0';
```

```
    cout<<"string="<<string<<endl<<"digit="<<digit<<endl;
}
```

5. 编写函数实现,将一个字符串中的字母全部转换为大写。

```
#include<iostream.h>
#include<string.h>
char * Upper(char * s);
char * Upper(char * s)
{
    char * ps;
    ps=s;
    while(* ps)
    {
        if(* ps>='a'&& * ps<='z')
            * ps= * ps-32;
        ps++;
    }
    return s;
}
void main()
{
    char string[81];
    cout<<"enter a string: \n";
    cin>>string;
    cout<<"before convert: string="<<string<<endl;
    cout<<"after convert: string="<<Upper(string)<<endl;
}
```

6. 在函数体功能简单的情况下可以使用内联函数,以提高运行效率。

7. 输出结果为:

```
The value of a is: 5
```

在用 new 运算动态分配了内存空间后,应在程序结束前释放动态分配空间,以免造成内存泄露。程序修改如下:

```
#include<iostream.h>
int fun();
int main()
{
    int a=fun();
    cout<<"the value of a is: "<<a;
    return 0;
}
int fun()
```

```
{
    int * p=new int(5);
    return * p;
    delete p;                    //释放动态分配的空间
}
```

8.

```
#include<iostream.h>
int main()
{
    int a=1, * p,&r=a;
    p=&a;
    cout<<"the value of a is: "<<a<<endl;
    * p=5;
    cout<<"the value of a is: "<<a<<endl;
    r=3;
    cout<<"the value of a is: "<<a<<endl;
}
```

实验 7

1. 构造函数的作用：在对象被创建时初始化该对象。

构造函数是在创建新的对象时，由系统自动调；若用户定义了构造函数，则调用用户自定义的构造函数；若用户没有定义新的构造函数，则系统会调用编译器自动生成的默认的构造函数。

2. ① 当用类的一个对象来创建该类的另一个对象时，拷贝构造函数被调用。

② 如果函数的形参是类的对象，调用函数时，进行形参和实参结合时，拷贝构造函数被调用。

③ 如果函数的返回值是类的对象，函数调用完成返回调用者时，拷贝构造函数被调用。

3.

```
#include<iostream.h>
const float PI=3.14;
class Cylinder
{
public:
    Cylinder(float ra,float h);
    float Getarea();
    float Getv();
private:
    float radius,high;
};
```

```cpp
Cylinder:: Cylinder (float ra,float h)
{
    radius=ra;
    high=h;
}
float Cylinder::Getarea()
{
    return PI * radius * radius;
}
float Cylinder::Getv()
{
    return PI * radius * radius * high;
}
int main()
{
    float r,h;
    cin>>r>>h;
    Cylinder a(r,h);
    cout<<a.Getarea();
    Cylinder b(a);
    cout<<b.Getv();
    return 0;
}
```

实验 8

1. 静态成员是解决同一个类的不同对象之间数据和函数共享问题的方法。

2.

```cpp
#include <iostream.h>
class Son;                          //这里要对 son 进行声明
class Father
{
public:
    Father(int a);
    friend int sumage(Father &x,Son &y);
private:
    int age;
};
Father::Father(int a)
{   age=a;   }
class Son
{
public:
```

```
        Son(int b);
        friend int sumage(Father &x,Son &y);
    private:
        int age;
    };
    int sumage(Father &x,Son &y)
    {
        int sum=x.age+y.age;
        return sum;
    }
    Son::Son(int b)
    { age=b; }

    void main()
    {
        int fa,sa;
        cout<<"请输入父亲的年龄：";
        cin>>fa;
        cout<<"请输入儿子的年龄：";
        cin>>sa;
        Father f(fa);
        Son s(sa);
        cout<<"他们的年龄总和为："<<sumage(f, s)<<endl;
    }
```

3．若创建的堆对象在使用完毕后没有及时删除，在堆区内分配的内存空间就不能及时释放，这样就会造成内存泄漏。

实验 9

1．

继承方式 \ 基类成员的访问控制	public	protected	private
public	public	protected	不可访问
protected	protected	protected	不可访问
private	private	private	不可访问

2．基类成员在派生类中的访问控制变化不同。

3．Base::fun()

4．因多继承中的两个基类均是从同一个基类中派生出的派生类，因此在最远派生类中产生了二义性，解决方法在下列程序的注释中给出。

程序如下：

```
#include <iostream.h>

class A
{
public:
    int x ;
};
class B1: virtual public A        //添加关键字 virtual
{
public:
    int y ;
};
class B2: virtual public A        //添加关键字 virtual
{
public:
    int z ;
};
class C: public B1,public B2
{
public:
    int m ;
};
int main()
{
    C c;
    c.x=2;
    c.y=3;
    c.z=4;
}
```
5. public B   public A   (e)   (c)   (d)

实验 10

1. 多态是指同一消息被不同类型的对象接收时导致不同的行为。消息是指,对类的成员函数的调用;不同的行为是指,不同的实现。

2. 静态多态,是编译时的多态,是在编译的过程中确定了同名操作的具体操作对象;动态多态,是运行时的多态,是在程序运行过程中才动态的确定操作所针对的具体对象。

3. 实例化   指针或引用

4. main()函数中定义 A 类的对象 f 有错。
因为 A 是一个抽象类,抽象类是不能够被实例化的。

5. 通过基类指针删除派生类对象时调用的是基类的析构函数,派生类的析构函数没有被调用,输出结果为:

```
A constructor
A destructor
```

因此派生类对象中动态分配的内存空间没有得到释放,造成了内存泄露。

为避免上述错误的有效方法就是将析构函数声明为虚函数,修改如下:

```
class  A
{
Public:
    A()
    {
        cout<<"A constructor"<<endl;
    }
    virtual ~A()
    {
        cout<<"A destructor"<<endl;
    }
};
```

6. 在 A0 中把 display()修饰成为虚函数,这样可以完成运行时的动态绑定,实现多态。

```
#include"iostream"
class A0
{
public:
    virtual void display(){cout<<"A0"<<endl;}      //在此加入关键字 virtual
};
class A1: public A0
{
public:
    void display(){cout<<"A1"<<endl;}
};
class A2: public A1
{
public:
    void display(){cout<<"A2"<<endl;}
};
int main()
{
    A0 a0,* p;
    A1 a1;
    A2 a2;
    p=&a0;
    p->display();
    p=&a1;
    p->display();
    p=&a2;
```

```
        p->display();
}
```

实验 11

1. operator

2. 不能重载的运算符有关系运算符、成员指针运算符(.*)、作用域分辨符(::)、sizeof 运算符、三目运算符(?:)。

3. 程序设计如下：

```
#include<iostream.h>
class Complex
{
public:
    Complex(double r=0,double i=0){real=r;imag=i;}
    Complex operator+ (int x);
    friend Complex operator- (Complex &y,int x);
    void display();
private:
    double real;
    double imag;
};
Complex Complex::operator+ (int x)
{
    return complex(x+real,y.imag);
}
Complex operator- (Complex &y,int x)
{
    return Complex(x-y.real,y.imag);
}
void Complex::display()
{
    cout<<"新的复数为："<<"("<<real<<","<<imag<<")"<<endl;
}
void main()
{
    int a=3;
    Complex c(2,4);
    Complex c1;
    c1=c+a;
    c1.display();
}
```

4.

```
#include <iostream.h>
```

```cpp
class Time
{
public:
    Time(int hh=0,int mm=0,int ss=0){ h=hh,m=mm,s=ss; }
    operator int();
    operator int()const;
    void print()
    {
        cout<<h<<": "<<m<<": "<<s<<endl;
    }
private:
    int h,m,s;
};
Time::operator int()
{
    return h * 3600+m * 60+s;
}
Time::operator int()const
{
    return h * 3600+m * 60+s;
}
void main()
{
    Time t1(1,10,50);
    int x=30,y;
    cout<<"x="<<x<<endl;
    cout<<"t1 为：";
    t1.print();
    cout<<"转换函数实现类型转换：y=(int)t1+x"<<endl;
    y=(int)t1+x;
    cout<<"y="<<y<<endl;
}
```

实验 12

1. 避免重复编程，增加程序的灵活性。
2. 错误改正在注释中。

```cpp
#include<iostream.h>
template <class T>
class Array
{
protected:
    int num;
```

```
    T * p;
public:
    Array(int);
    ~Array();
};
Array::Array(int x)// ① template<class T>
                       Array<T>::Array(int x)
{
    num=x;// ②
    p=new T[num];}// ③
    Array::~Array()//④ template<class T>
                       Array<T>::~Array()
    {
    delete []p;// ⑤
    }
void main()
{
    Array a(10);// ⑥Array<int>a(10);
}
```

3. 程序输出结果为：

```
N=5
A[0]=1
A[1]=2
A[2]=3
A[3]=4
A[4]=5
```

实验 13

1. fstream fio("c:\\a.dat",ios::in|ios::out);
2. ♯include"iostream.h"
3. fstream.h
4. 程序设计如下：

```
#include"iostream.h"
#include"fstream.h"
#include"stdlib.h"
void main()
{
    fstream infile("d:\\from.txt",ios::in);
    if(!infile)
    {
        cerr<<"打开文件错误"<<endl;
```

```
        abort();
    }
    fstream outfile("e:\\to.txt",ios::out);
    if(!infile)
    {
        cerr<<"打开文件错误"<<endl;
        abort();
    }
    char ch;
    while(infile.get(ch))
    outfile.put(ch);
    infile.close();
    outfile.close();
}
```

实验 14

1. 类库是一个可以在应用程序中使用的相互关联的 C++ 类的集合。

MFC 库是一个 Windows 应用程序框架,它定义了应用程序结构,并实现了标准的用户接口。

2. AppWizard 在生成应用程序时,共派生了 5 个类,分别是 CAboutDlg,关于 About 对话框的对话框类;CMainFrame,主框架窗口类;CMyExpApp,应用程序类;CMyExpDoc,文档类;CMyExpView,视图类。

3. 控件消息只能由特定控件向 Windows 系统传送,而命令消息是由用户界面发送的。

4. CDialog::DoModal()

4.3 模拟试题参考答案

模拟题一参考答案

一、判断对错题(10%)

本题共 10 分,每题 1 分。

① ×	② √	③ ×	④ √	⑤ √
⑥ √	⑦ ×	⑧ √	⑨ √	⑩ ×

二、填空题(20%)

本题共 20 分,每空 2 分。答案只少";"或":"等符号的给 1 分。

① public;	② long	③ long	④ void	⑤ node;
⑥ NULL;	⑦ delete p;	⑧ head—＞next	⑨ delete p;	⑩ p＝p—＞next

三、简要论述题(20％)

本题共 20 分,每题 4 分。概念解释正确给 2 分；论述要求有两条论点,每条给 1 分(非参考答案中的论点只要正确同样给分)。

(1) 注解
- 写程序者为读程序者作的说明。
- C++编译器把所有的注解视为空白。
- 注解有多行注解(/＊ ＊/)和单行注解(//)。
- 注解通常用来说明程序或模块的名称、用途、编写时间、编写人、变量说明和算法说明等。

(2) new 运算
- new 是个单目运算,功能是给程序实体动态地分配空间。
- 语法格式 X 类型指针＝new X 类型。
- 用 new 申请空间的同时还可以进行初始化。
- 用 new 申请的空间可用 delete 运算收回。

(3) 宏定义
- 宏定义就是用一个宏名字来命名一个字符串。
- 编译预处理时宏名将被用宏体简单替换。
- 使用宏定义可以提高程序的可读性、可修改性与可移植性。
- 宏定义可以带参数。

(4) private 成员
- private 成员为类成员的一种类型。
- private 成员只能由类作用域中的函数访问。
- 基类的 private 成员在派生类中也是不可见的。
- private 成员只能通过 public 成员访问。

(5) 构造函数
- 构造函数是类的一种特殊成员。
- 构造函数用来创建类的对象(实例)。
- 构造函数具有特定的名字——与类名相同。
- 构造函数可以重载。

四、程序设计题(50％)

本题共 50 分。(第 1、2 题各 10 分；第 3 题有 3 小题,每小题 10 分,共计 30 分。)
每题评分细则：
① 函数原型正确 3 分(函数返回值类型 1 分,函数参数类型和个数 2 分)。

② 函数总体结构正确 4 分(函数的总体结构指主要的循环结构和选择结构)。
③ 其他 3 分(实现的细节)。

1.

```cpp
#include <fstream.h>
#include <stdlib.h>
void main(int argc,char * argv[])
{
    if (argc!=3) exit(1);
    char c0,c1=' ';
    int k=1;
    ifstream in(argv[1],ios::in|ios::binary);
    ofstream out(argv[2],ios::out|ios::binary);
    while (!in.eof())
    {
        in.read(&c0,1);
        if( k&&c0=='/' && c1=='/') k=0;
        if( !k&&c0=='\x0d' ) k=1;
        if( k&&c1=='/' && c0!='/') out.write(&c1,1);
        if( k&&c0!='/') out.write(&c0,1);
        c1=c0;
    }
    in.close();
    out.close();
}
```

2.

```cpp
int tga(int * a,int n)
{
    if(n<1) return (0);
    else return(a[n-1]+tga(a,n-1));
}
```

3.

①
```cpp
fraction& fraction::operator+=(fraction & f)
{
    fz=fz * f.fm+fm * f.fz;
    fm=fm * f.fm;
    return * this;
}
```
②
```cpp
int operator == (fraction & f1,fraction & f2)
{
    if (f1.fz==f2.fz && f1.fm==f2.fm)
        return 1;
```

```
        else
            return 0;
    }
    ③ostream & operator<<(ostream & os,fraction & f)
    {
        os<<f.fz<<"/"<<f.fm<<endl;
        return os;
    }
```

模拟题二参考答案

一、判断对错题(10 分,每题 1 分)(对√,错×)

1. √ 2. × 3. √ 4. × 5. × 6. × 7. × 8. √ 9. × 10. ×

二、单项选择题(20 分,每题 2 分)

1. D 2. B 3. B 4. C 5. C 6. D 7. D 8. D 9. D 10. A

三、完成程序题:根据题目要求,完成程序填空。(20 分)

(前四空(指:1. ①　②)每空 1 分,其余每空 2 分)

1. ① a−b a−c b−c ② n=k*k ③ continue ④ break
2. ① this==&k ② *this
3. ① int i=0, int j=0(说明:默认值可为任何合法的整形值)
   ② int p::y
4. ① virtual ② void

四、程序分析题:给出下面程序输出结果。(15 分)

1. (5 分,每个 1 分)

a=17
b=17
c=18
d=18
e=8

2. (4 分,每个 2 分)

s1.square=400
s2.square=900

3. (6 分,每个 1 分)

base2 constructor called!
base1 constructor called!

derivate constructor called!
derivate destructor called!
base1 destructor called!
base2 destructor called!

五、程序设计题(35 分)

第 1、2 题每题评分细则：
① 函数原型正确 3 分(函数返回值类型 1 分,函数参数类型和个数 2 分)。
② 函数总体结构正确 4 分(函数的总体结构指主要的循环结构和选择结构)。
③ 其他 3 分(实现的细节)。

第 3 题每题评分细则：
① 函数原型正确 2 分(函数返回值类型 1 分,函数参数类型和个数 1 分)。
② 函数总体结构正确 2 分(函数的总体结构指主要的循环结构和选择结构)。
③ 其他 2 分(实现的细节)。

1. (10 分)

```
double sum(int n)
{
    if(n==1) return 1;
    return sum(n-1)+(double)1/n;
}
```

2. (10 分)

<参考程序 1>：

```
#include<fstream.h>
#include<stdlib.h>
void main(int argc,char * argv[])
{
    if(argc!=3) { cerr<<"wrong!"<<endl; exit(1); }
    char c;
    ifstream in(argv[1],ios::in|ios::binary);
    ofstream out(argv[2],ios::out|ios::binary);
    while(!in.eof())
    {
        in.read(&c,1);
        if( c>='A' && c<='Z' ) c=c+32;
        out.write(&c,1);
    }
    in.close();
    out.close();
}
```

<参考程序 2>：

```cpp
void main(int argc,char * argv[])
{
    if (argc!=3){ cerr<<"wrong!"<<endl; exit(1); }
    char c;
    ifstream in(argv[1]);
    ofstream out(argv[2]);
    while (in.get(c))
    {
        if( c>='A' && c<='Z' ) c+=32;
        out<<c;
    }
    in.close();
    out.close();
}
```

3. (15分)

```cpp
#include <iostream.h>
class Student
{
    int english,computer,total;
public:
    void getscore();              //获取一个学生成绩
    void display();               //显示一个学生成绩
    void sort(Student * );        //将若干个学生按总分从高到低排序
    ~Student();
};
void Student::getscore()
{
    cout<<"输入英语成绩：";
    cin>>english;
    cout<<"输入计算机成绩：";
    cin>>computer;
    total=english+computer;
}
void Student::sort(Student * p)
{
    int tmp,i,j;
    for(j=0;j<2;j++)
        for(i=0;i<2;i++)
            if(total<p->total)
            {
                tmp=total;
                total=p->total;
                p->total=tmp;
```

```
            tmp=english;
              english=p->english;
            p->english=tmp;
            tmp=computer;
              computer=p->computer;
            p->computer=tmp;
        }
}
void Student::display()
{
    cout<<"英语="<<english<<"计算机="<<computer<<"总分="<<total<<endl;
}
void main()
{
    Student * A[3];
    for(int j=0;j<3;j++)
    {
        A[j]=new Student;
        cout<<"学生"<<j+1<<endl;
        A[j]->getscore();
    }
    int i;
    for(j=0;j<2;j++)
        for(i=0;i<2;i++)
            A[i]->sort(A[i+1]);
    cout<<endl<<"排序结果如下："<<endl;
    for(i=0;i<3;i++)
        A[i]->display();
}
```

模拟题三参考答案

一、判断对错题（10分，每题1分）（对√，错×）

1. × 2. √ 3. √ 4. × 5. × 6. × 7. √ 8. √ 9. × 10. ×

二、单项选择题（20分，每题2分）

1. C 2. B 3. B 4. B 5. A 6. D 7. C 8. D 9. C 10. A

三、完成程序题：根据题目要求，完成程序填空。（20分，每空2分）

1. ① i<n ② j<m
2. ① ：x(i),y(j) ② friend
3. ① protected：（或 public：） ② this->x＝x(或 A::x＝x)

③ { y=j;}（或：y(j){ }或:A(20){y=j;} 或 {A::x=20;y=j;}）
（说明：其他任何可使程序正确运行得出正确结果的答案均可，但：A(i){y=j;}只得1分）

④ cout<<A::x<<","<<y<<endl;

4. ① virtual ② base * pb=&d;

四、程序分析题：给出下面程序输出结果。（15分）

1.（5分）

B::B() construction.
D::D() construction.
D::~D() destruction.
B::~B() destruction.

2.（5分）

Constructor called!
Copy constructor called!
10
Destructor called!
Destructor called!

3.（5分）

A constructor called!
B constructor called!
C constructor called!
f() is called in A!
f() is called in C!

五、程序设计题（35分）

1.（10分）

```
double func(double x,int n)
{   if(n==0) return 1;
    return func(x,n-1) * x;}
```

2.（10分）
<参考程序1>：

```
#include <fstream.h>
#include <stdlib.h>
void main(int argc,char * argv[])
{
    if (argc!=3){ cerr<<"wrong!"<<endl; exit(1); }
```

```
    char c;
    ifstream in(argv[1],ios::in|ios::binary);
    ofstream out(argv[2],ios::out|ios::binary);
    while (!in.eof())
    {
        in.read(&c,1);
        if (c>='a'&&c<='z') c=c-32;
        out.write(&c,1);
    }
    in.close(); out.close();
}
```

<参考程序 2>：

```
void main(int argc,char * argv[])
{
    if (argc!=3){cerr<<"wrong!"<<endl; exit(1);}
    char c;
    ifstream in(argv[1]);
    ofstream out(argv[2]);
    while (in.get(c))
    {
        if(c>='a'&&c<='z') c-=32;
        out<<c;
    }
    in.close();
    out.close();
}
```

3. (15 分)

```
class Triangle: public Shape
{
public:
    Triangle(double h,double w){ H=h; W=w; }
    double Area() const{return H*W*0.5;}
private:
    double H,W;
};
class Rectangle: public Shape
{
public:
    Rectangle(double h,double w){ H=h; W=w; }
    double Area()const{ return H*W; }
private:
    double H,W;
```

};

模拟题四参考答案

一、判断对错题(10%)

本题共 10 分,每题 1 分。

| ① √ | ② √ | ③ × | ④ × | ⑤ × |
| ⑥ × | ⑦ × | ⑧ × | ⑨ √ | ⑩ √ |

二、填空题(20%)

本题共 20 分,每空 2 分。答案只少";"或":"等符号的给 1 分。

| ① n | ② public： | ③ int | ④ queue:: | ⑤ len= |
| ⑥ len<n | ⑦ x | ⑧ len>0 | ⑨ len-- | ⑩ j++ |

三、简答题(20%)

本题共 20 分,每题 4 分。概念解释正确给 2 分;论述要求有两条论点,每条给 1 分(非参考答案中的论点只要正确同样给分)。

1. enum 类型
- enum 是 C++ 中的一种用户定义类型。
- 基本格式为:enum 枚举类型名{枚举成员表列}。
- 枚举常量实际上是整型量的名称。
- 使用枚举常量使程序容易理解,同时迫使编译器加以检查,以提高程序的可靠性。

2. 函数模板
- 类型参数化的函数。
- 为了使用函数必须将其模板参数实例化。
- 若无实例化,则使用隐式的模板函数。
- 函数模板对某种类型不适用时可进行异常处理。

3. ?： 运算符
- ?： 为 C++ 中唯一的一个三目运算,条件运算。
- ?： 运算为右结合的。
- ?： 的运算级很低,使用时易出现副作用。
- ?： 可代替简单的 if 语句。

4. 函数重载
- 多个函数使用一个函数名。
- 编译器根据参数的类型、个数和次序来自动选择应调用哪个函数。

- 使用权函数重载使用权程序更容易理解。
- 不能利用函数返回值的类型来区别重载函数。

5. public 派生
- 派生类的一种方式。
- 基类的 private 成员即使是 public 派生,在派生类中仍是不可见的。
- public 派生使基类的非 private 成员的访问属性在派生类中保持不变。
- public 派生不能省略,缺省的派生方式为 private 派生。

四、程序设计题(50%)

本题共 50 分。(第 1、2 题各 10 分;第 3 题有 3 小题,每小题 10 分,共计 30 分。)
每题评分细则:
① 函数原型正确 3 分(函数返回值类型 1 分,函数参数类型和个数 2 分)。
② 函数总体结构正确 4 分(函数的总体结构指主要的循环结构和选择结构)。
③ 其他 3 分(实现的细节)。

1.

```cpp
#include <fstream.h>
#include <stdlib.h>
void main(int argc,char * argv[])
{
    if (argc!=4) exit(1);
        char c;
    fstream in1(argv[1],ios::in|ios::binary);
    fstream in2(argv[2],ios::in|ios::binary);
    fstream out(argv[3],ios::out|ios::binary);
    while (!in1.eof())
    {
        in1.read(&c,1);
        out.write(&c,1);
    }
    while (!in2.eof())
    {
        in2.read(&c,1);
        out.write(&c,1);
    }
    in1.close();
    in2.close();
    out.close();
}
```

2.

```cpp
int tgf(int m,int n)
```

```
{
if (n==0) return (m);
else
    {
        return(tgf(++m,--n));
    }
}
```

3.

①
```
fraction operator + (fraction & f1,fraction & f2)
{
    int nfz=f1.fz * f2.fm+f1.fm * f2.fz;
    int nfm=f1.fm * f2.fm;
    return fraction(nfz,nfm);
}
```
②
```
fraction & fraction::operator = (fraction & f)
{
    fz=f.fz;
    fm=f.fm;
    return * this;
}
```
③
```
istream & operator >> (istream & is,fraction & f)
{
    is>>f.fz>>f.fm;
    return is;
}
```

第5部分 附 录

附录 A 常见编译、链接错误

1. Fatal error C1004：unexpected end of the found

编译程序在还没有分辨出程序结构的情况下，遇到了源文件尾。例如，一个函数或一个结构定义缺少"}"；一个类定义在"}"后漏写了"；"；在一个函数调用或表达式中括号没有配对出现等。

2. Error C2001：newline in constant

如果在下一行继续写出本行的字符串常量，那么必须使用"\"或""""。例如：

```
cout<<"Hello,                //错误
    world!"
cout<<"Hello,\               //正确
    world!"
cout<<"Hello, "              //正确
    "world!"
```

3. Error C2057：expected constant expression

从上下文看，此处需要一个常量表达式。

4. Error C2058：constant expression is not integral

从上下文看，此处需要一个整型常量表达式。

5. Error C2059：syntax error：'语言符号'

这是由语言符号引起的语法错。造成错误的原因有时是语法错或抄写错。例如：

```
void main(     //缺少右括号
{
}
```

在上例中，尽管真正的错误出现在第一行上，但错误信息将在含有"{"的行上产生。作为一般准则，在定位错误时，也应对错误信息指定行的前面几行加以考察。

6. Error C2061：identifier '标识符'

编译程序发现了不希望出现的标识符。这种错误可能是由于把初始化值封在括号内

造成的。解决的方法是用括号把声明的对象括起来。

7. Error C2063：'标识符'：not a function

没有把给定的标识符声明为函数,但却把它当作一个函数来使用。

8. Error C2065：'标识符'：undeclared identifier

所指出的标识符为声明。在使用一个变量之前,必须在一个声明中指出变量的类型。对函数的参数也必须在函数使用前,在一个声明或函数原型中指定。

9. Error C2084：function '函数名'already has a body

函数已经被定义过。

10. Error C2105：'操作符'needs l-value

给定的操作符没有左值操作数。

11. Error C2106：'操作符' left operand must be l－value

给定的操作符的左操作数不是一个左值。

12. Error C2143：syntax error：missing '语言符号1' before '语言符号2'

此为语法错。一个语言符号是像关键字或操作符这样的语言元素,或者粗略地讲,任何空白的语言元素(空白语言元素包括空格符、制表符、回车符和注释等)均为语言符号。一定的语言符号应该出现在其他语言符号的前面或后面,例如 if 语句就要求在 if 后的第一个非空白字符为左括号。如果使用了其他符号,编译程序无法"理解"这条语句。例如:

```
    if   j<25                    //语法错,j前缺少"("
```

这种错误还可能是由于缺少"{"、"("或";"而引起。缺少的语言符号可能位于实际指出的出错行的上一行。

13. Error C2146：syntax error：missing'语言符号' before identifier '标识符'

编译程序期望给定的语言符号出现在给定的标识符的前面。在这个错误的前面通常是 C2065 错误。引出这类错误的典型原因是书写错。例如:

```
void main()
{
    intt x;             //语法错,因 int 误写为 intt,引起误判为 x 前少";"
}
```

14. Error C2181：illegal else without matching if

代码中包含了一个没有与一个 if 匹配的 else。应保证每个 else 都与一个 if 匹配。

15. Error C2202：'函数'：not all control paths return a value

要求有返回值的函数在函数代码中潜在有不返回值的情况。例如：

```
int func1(int i)
{
    if(i)
        return 3;           //错误,如果 i==0,则没有返回值
}
```

为改正这个错误可在程序代码的每个分支中为函数指定一个返回值。例如：

```
int func1(int i)
{
    if(i)
        return 3;
    else
        return 0;
}
```

16. Error C2248：'member'：cannot access 'access' 'member'declared in class'class'

访问了一个类、结构或联合的私有或保护成员。

17. Error C2296：'操作符'：illegal,left operand has type '类型'

给定的操作符的左操作数对这个操作符来说是非法的。

18. Error C2297：'操作符'：illegal,right operand has type '类型'

给定的操作符的右操作数对这个操作符来说是非法的。

19. Error C2371：'标识符'：redefinition;different basic types

指定的标识符已经声明过。例如：

```
void main()
{
    int i;
    float i;                //错误,重复定义
}
```

20. Error C2440：'变换'：cannot convert from '类型 1' to '类型 2'

编译程序不能从"类型 1"变换到"类型 2"。例如：

```
void main()
{
    int * i;
```

```
    float j;
    j=(float)i;              //错误,不能从指向 int 的指针变换到 float
```

21. Error C2446: '操作符': no conversion from '类型 1' to '类型 2'

编译程序不能把"类型 1"转换为"类型 2"。例如：

把一个 int 转换为一个指向 char 的指针，不仅没有意义，而且也不允许；

把一个 const 对象的指针转换为一个指向非 const 对象的指针是不允许的，如果得到这样的指针，就可以通过它改变 const 对象，这将破坏 const 的所设的警戒线。

```
int i;
char * p;
int * j;
const int * cj;
void main()
{
    p=j;                     //错误 1：无意义的转换
    j=cj;                    //错误 2：指向 const 对象的指针转换为指向非 const 对象的指针
}
```

22. Error C2512: '标识符': no appropriate default constructor available

对指定的类、结构或联合没有可用默认的构造函数。编译程序仅在没有用户提供的构造函数时才提供一个默认的构造函数。如果用户提供了参数表非空的构造函数，那么必须还提供一个默认的构造函数。默认的构造函数在无参数时被调用。

23. Error C2601: '函数名': local function definitions are illegal

试图嵌套定义函数。例如：

```
int main()
{
    int i=0;
    int func(int j)
    {
        j++;
        return j;
    }
    i=func(i);
    return i;
}
```

如果把函数 func() 的定义移至 main 函数外面的全局空间，这个程序就能够顺利的编译、运行了。

24. Error C2660: '函数': function does not take number parameters

调用函数时，给出的实参个数不对。

25. warning C4101: '标识符': unreferenced local variable

从未使用过这里指出的局部变量。

26. warning C4244: 变换'conversion from '类型 1'to '类型 2', possible loss of data

当把一个长类型变换为短类型时,出现该类错误。这种错误可能会导致损失数据。例如:
```
int i=9;
float j;
j=i;                        //警告错误
```

27. warning C4700: local variable '变量名'used without having been initialized

使用了一个没有先赋值的局部变量,这会导致不可预料的结果。

28. error C4716: '函数'must return a value

给出的函数没有返回一个值,仅当函数类型为 void 时,才能使用没有返回值的返回命令或省略返回命令。

29. fatal error LIK1120: number unresolved externals

LIK1120 给出了本次连接中未解决外部符号的个数,在此错误信息前面的 LNK2001 中描述了引起未解决外部符号的原因(每个未解决外部符号对应一个 LNK2001)。

30. fatal error LIK2001: unresolved external symbol'符号'

如果链接程序不能在它所搜索的所有库或目标文件中找到相关的内容(例如函数、变量或标号),就会出现这个错误。通常,造成这种错误的原因有两个:一是代码请求的东西不存在(例如符号拼写错);二是代码请求了错误的东西(例如把库的版本搞混了)。

附录 B 程序调试方法和技巧

1. 改正程序的编译期错误

源程序编制完成后,首先由 C++ 编译程序编译成 .obj 文件,再由连接程序连接成可执行文件。在编译时,如果源程序存在语法错误(errors),则系统不允许连接,直到改正了所有的语法错误后,才能进行连接。另外,编译时还可能存在另一类错误,即警告性错误(warnings),这类错误一般不影响程序的连接,在很多情况下也不影响程序的执行结果,但建议还是尽量把这类错误改正。

选择编译菜单(Compile)(或者直接单击快捷工具栏上的编译按钮)对编译好的源程序进行编译,在集成环境下方的 OutPut 窗口中将会显示相应的编译信息(若 OutPut 窗口没有出现,则可以在快捷工具栏上右键单击并在弹出的快捷菜单中选择 OutPut 菜单项即可打开(或关闭)OutPut 窗口。若程序编译没有发现错误,则该窗口中显示"***. exe-0 error(s), 0 warning(s)",这时可以进行程序的连接;若编译后存在语法错误或警告错误,该窗口中则显示两类错误的个数,并列出相应的错误位置和原因。

改正编译期错误的方法和一般原则如下。

(1) 改正错误时一般从第一个错误开始,然后依次改正后续的错误。因为前面错误的出现,往往会导致编译系统在编译时错位,把本来正确的语句认为是错的,也可能把某些语句的错误掩盖掉。所以当改正了前面的错误后,可能会使错误量减少很多,也可能增加很多。

(2) 在 OutPut 窗口中双击指定错误,则系统会自动定位到该错误出现的位置,并在错误语句前面用一个蓝色子弹头标识。注意,该标识只是告诉程序员编译时在此位置出错了,真正的错误可能出现在该标识语句的前一语句或后一语句,如函数定义时,在小括号后加了分号,错误标识将出现在左大括号处。

(3) 根据情况,每改正一个或几个错误后,应重新编译一下,然后再从第一个错误进行改错,直到所有错误都被改正过来。

2. 程序执行时的调试

实践中发现,往往很小的程序在执行时也会出现错误。当一个程序可以被连接成功,但执行时却存在不正常现象,如不能得到预期的运行结果或出现死机等,而一下子又很难找出出错原因时,可以采取以下方法查错、改错。

1) 单步跟踪执行命令

单步跟踪执行程序,能够清楚地看到程序的一步步执行过程,从而判断出源程序的执行流程是否与事先设计的流程一致,从中发现造成死循环或死机的原因所在。C++集成环境提供的单步跟踪命令有 Step Into 和 Step Over 两种,当选择这两个命令时,程序进入 DEBUG(调试)状态,并在 main 函数的左大括号处出现一个黄色的子弹头标识,意味着程序从此处开始执行,以后每执行一次这两个命令之一,则程序执行一行,若程序每一行只有一个语句,则相当于一次执行了一个语句。这两个命令的区别如下:

(1) Step Into:对应的快捷键为 F11,在单步执行过程中,若当前执行的语句是函数调用语句,则执行一次该命令将会跟踪至被调用函数内部继续单步跟踪执行。

(2) Step Over:对应的快捷键为 F10,在单步执行过程中,若当前执行的语句是函数调用语句,也不会跟踪到被调用函数内部执行,而是直接把该函数调用作为一个语句一次执行完成,到当前函数的下一语句继续跟踪执行。

在具体操作时,这两种单步跟踪命令往往配合使用:一般先使用 Step Over 命令单步跟踪执行,当执行到某函数调用处时,如果需要跟踪至被调用函数内部,则再使用一次 Step Into,然后继续使用 Step Over 命令。

2) 执行到光标所在行命令

该命令可以一次执行到鼠标光标所在的程序语句位置。

在进行程序的调试时,有时能够确认在某语句之前的所有语句都是正确的,如果对这些语句进行单步跟踪会增加不必要的调试时间,此时可以使用该命令,让程序执行到光标所在行,然后在配合单步跟踪,能够有效地提高调试的效率。
该命令对应的快捷键为 Ctrl+F10。

3) 设置断点命令

设置断点是另一种能够快速执行到程序指定行的方法:首先把光标停在需设置断点的位置,然后按 F9 键(或工具栏上的"手形"按钮),则在指定行出现一个红色的实心圆,表示一个断点设置完毕。如果需要设置其他的断点,则重复以上步骤即可。断点设置完毕,按 F5 键,则程序一次性执行到第一个断点所在位置,以后每按一次 F5 键,程序将执行到下一断点,程序执行完毕。在执行过程中,也可以增加其他的断点。

在有断点的位置,再按一次 F9 键(或工具栏上的"手形"按钮),则可以取消该断点的设置。

在编制的程序比较短,特别是只有一个源程序文件的情况下,单步跟踪和执行到光标所在行命令已经能够很好地完成调试任务。该命令在多文件组织的程序中能够有效地发挥其调试功能。

4) 观察程序执行过程中变量和表达式值的变化

在使用以上命令进行调试过程中,通过观察当前执行点相关变量或表达式的值,能够有效地发现错误出现的原因和位置。

在调试状态下,集成环境窗口下方会出现两个窗口(如果这两个窗口没有出现,可以在调试状态下右键单击工具栏空白处,在弹出的快捷菜单中进行选择),如下图所示。

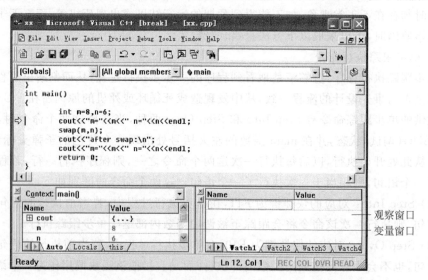

观察程序执行过程中变量和表达式值的变化

一个是变量(Variables)窗口,另一个是观察(Watch)窗口,前者实时地列出了当前执行点前后最近位置的变量的当前值。后者提供了 4 个观察子页面,可以在其中任何一个页面中输入想观察值的变量或表达式,然后观察其值。

该调试功能可以与以上的调试命令配合使用,以完成调试任务。

程序调试完毕,或想取消程序的调试状态回到编辑状态,可以选择集成环境调试(Debug)菜单中的 Stop Debugging 命令或直接按 Shift+F5 键。

附录 C 标准 ASCII 码表

美国信息交换标准代码(American Standard Code for Information Interchange, ASCII)。

十进制	八进制	十六进制	字符	十进制	八进制	十六进制	字符	十进制	八进制	十六进制	字符
0	000	00	NUL	43	053	2B	+	86	126	56	V
1	001	01	SOH	44	054	2C	,	87	127	57	W
2	002	02	STX	45	055	2D	-	88	130	58	X
3	003	03	ETX	46	056	2E	.	89	131	59	Y
4	004	04	EOT	47	057	2F	/	90	132	5A	Z
5	005	05	ENQ	48	060	30	0	91	133	5B	[
6	006	06	ACK	49	061	31	1	92	134	5C	\
7	007	07	BEL	50	062	32	2	93	135	5D	]
8	010	08	BS	51	063	33	3	94	136	5E	
9	011	09	HT	52	064	34	4	95	137	5F	_
10	012	0A	LT	53	065	35	5	96	140	60	`
11	013	0B	VT	54	066	36	6	97	141	61	a
12	014	0C	FF	55	067	37	7	98	142	62	b
13	015	0D	CR	56	070	38	8	99	143	63	c
14	016	0E	SO	57	071	39	9	100	144	64	d
15	017	0F	SI	58	072	3A	:	101	145	65	e
16	020	10	DLE	59	073	3B	;	102	146	66	f
17	021	11	DC1	60	074	3C	<	103	147	67	g
18	022	12	DC2	61	075	3D	=	104	150	68	h
19	023	13	DC3	62	076	3E	>	105	151	69	i
20	024	14	DC4	63	077	3F	?	106	152	6A	j
21	025	15	NAK	64	100	40	@	107	153	6B	k
22	026	16	SYN	65	101	41	A	108	154	6C	l
23	027	17	ETB	66	102	42	B	109	155	6D	m
24	030	18	CAN	67	103	43	C	110	156	6E	n
25	031	19	EM	68	104	44	D	111	157	6F	o
26	032	1A	SUB	69	105	45	E	112	160	70	p
27	033	1B	ESC	70	106	46	F	113	161	71	q
28	034	1C	FS	71	107	47	G	114	162	72	r
29	035	1D	GS	72	110	48	H	115	163	73	s
30	036	1E	RS	73	111	49	I	116	164	74	t
31	037	1F	US	74	112	4A	J	117	165	75	u
32	040	20	SP	75	113	4B	K	118	166	76	v
33	041	21	!	76	114	4C	L	119	167	77	w
34	042	22	"	77	115	4D	M	120	170	78	x
35	043	23	#	78	116	4E	N	121	171	79	y
36	044	24	$	79	117	4F	O	122	172	7A	z
37	045	25	%	80	120	50	P	123	173	7B	{
38	046	26	&	81	121	51	Q	124	174	7C	|
39	047	27	'	82	122	52	R	125	175	7D	}
40	050	28	(	83	123	53	S	126	176	7E	~
41	051	29	)	84	124	54	T	127	177	7F	del
42	052	2A	*	85	125	55	U				

参 考 文 献

[1] 钱能. C++程序设计教程. 北京:清华大学出版社,2000.
[2] 王萍. C++面向对象程序设计. 北京:清华大学出版社,2002.
[3] 罗建军. C++程序设计教程(第2版). 北京:高等教育出版社,2004.
[4] 谭浩强. C++程序设计. 北京:清华大学出版社,2004.
[5] 谭浩强. C程序设计(第3版). 北京:清华大学出版社,2005.
[6] 谭浩强. C程序设计题解与上机指导(第3版). 北京:清华大学出版社,2005.
[7] 黄维通. Visual C++面向对象与可视化程序设计(第2版). 北京:清华大学出版社,2007.
[8] 张基温. C++程序设计基础. 北京:高等教育出版社,2001.
[9] 刁成嘉. 面向对象C++程序设计. 北京:机械工业出版社,2004.
[10] 郑莉. C++语言程序设计(第2版). 北京:清华大学出版社,2001.

读者意见反馈

亲爱的读者：

感谢您一直以来对清华版计算机教材的支持和爱护。为了今后为您提供更优秀的教材，请您抽出宝贵的时间来填写下面的意见反馈表，以便我们更好地对本教材做进一步改进。同时如果您在使用本教材的过程中遇到了什么问题，或者有什么好的建议，也请您来信告诉我们。

地址：北京市海淀区双清路学研大厦 A 座 602　　计算机与信息分社营销室　收
邮编：100084　　　　　　　　　　　　　电子邮件：jsjjc@tup.tsinghua.edu.cn
电话：010-62770175-4608/4409　　　　 邮购电话：010-62786544

教材名称：C++程序设计实验指导与课程设计
ISBN：978-7-302-19360-9
个人资料
姓名：_____　年龄：_____　所在院校/专业：_____
文化程度：_____　通信地址：_____
联系电话：_____　电子信箱：_____
您使用本书是作为：□指定教材　□选用教材　□辅导教材　□自学教材
您对本书封面设计的满意度：
□很满意　□满意　□一般　□不满意　改进建议_____
您对本书印刷质量的满意度：
□很满意　□满意　□一般　□不满意　改进建议_____
您对本书的总体满意度：
从语言质量角度看　□很满意　□满意　□一般　□不满意
从科技含量角度看　□很满意　□满意　□一般　□不满意
本书最令您满意的是：
□指导明确　□内容充实　□讲解详尽　□实例丰富
您认为本书在哪些地方应进行修改？（可附页）
_____
_____

您希望本书在哪些方面进行改进？（可附页）
_____
_____

电子教案支持

敬爱的教师：

为了配合本课程的教学需要，本教材配有配套的电子教案（素材），有需求的教师可以与我们联系，我们将向使用本教材进行教学的教师免费赠送电子教案（素材），希望有助于教学活动的开展。相关信息请拨打电话 010-62776969 或发送电子邮件至 jsjjc@tup.tsinghua.edu.cn 咨询，也可以到清华大学出版社主页（http://www.tup.com.cn 或 http://www.tup.tsinghua.edu.cn）上查询。